U0743698

高职高专计算机类专业系列教材

移动互联系统运维技术

主　编　莫　毅　　杨钊全　　崔　婷

副主编　蒋向辉　　姜　霞　　陈　慧　　朱威霖

参　编　李　俊　　项琨育　　刘　玉　　陈　宇

主　审　翟红云

西安电子科技大学出版社

内 容 简 介

本书主要包括移动电商服务器单点部署、高可用集群服务器部署、自动运维技术和服务器安全运维四个项目。本书采用"项目导向、任务引领"的教学模式，突出高职教育注重培养动手能力的课程设计特点，为学生实现"零距离"上岗提供项目化技能培训。本书承载了"云计算运维技术"和"服务器安全运维"两项核心技能。

本书可作为高职院校云计算技术与应用、大数据、软件工程等专业学生必修的核心课程的教材，也可作为对云计算技术感兴趣的读者的学习参考书或相关培训班的培训教材。

图书在版编目 (CIP) 数据

移动互联系统运维技术 / 莫毅，杨钊全，崔婷主编. -- 西安：西安电子科技大学出版社，2023.12
ISBN978-7-5606-7086-7

Ⅰ. ①移…   Ⅱ. ①莫… ②杨… ③崔…   Ⅲ. ①移动网—运营管理—高等职业教育—教材   Ⅳ. ①TN929.5

中国国家版本馆 CIP 数据核字 (2023) 第 182187 号

策　　划　明政珠
责任编辑　孟秋黎
出版发行　西安电子科技大学出版社 (西安市太白南路 2 号)
电　　话　(029)88202421　88201467　　　　邮编　710071
网　　址　www.xduph.com　　　　　电子邮箱　xdupfxb001@163.com
经　　销　新华书店
印刷单位　陕西天意印务有限责任公司
版　　次　2023 年 12 月第 1 版　　2023 年 12 月第 1 次印刷
开　　本　787 毫米 ×1092 毫米　　1/16　印张　12
字　　数　287 千字
定　　价　65.00 元
ISBN978-7-5606-7086-7 / TN
XDUP7388001-1
*** 如有印装问题可调换 ***

前　言

本书是面向 21 世纪高职高专学生及对云计算技术感兴趣的初学者所开发的系列教材之一。目前，市面上关于云计算的教材很多，但是真正贴合实际、面向工程应用的教材比较少。针对这种情况，编者本着深入浅出，轻理论推导、重实际应用的原则编写了本书。本书从高等职业教育人才培养的需求出发，结合培养服务型专业人才的核心目标，书中贯彻 MIMPS 教学法、工程师自主教学的要求，将教材知识点模块化，并用任务驱动的方式安排章节，力求使抽象的理论具体化、形象化，减少学习的枯燥感，激发学习者的学习兴趣，突出实用性和工程性。

本书主要包含以下四个项目：

项目 1 为移动电商服务器单点部署，主要覆盖 Linux 环境设置、JDK 环境搭建、MySQL 安装和配置、tomcat 部署与验证以及 Web 应用部署与验证。

项目 2 为高可用集群服务器部署，主要包括集群环境搭建、Web 服务器集群搭建、nginx＋keepalived 高可用负载均衡集群搭建、MySQL+keepalived 高可用数据库集群搭建以及 Web 应用部署与高可用综合验证。

项目 3 为自动运维技术，主要介绍使用 cobbler 进行系统自动化安装、使用 ansible 进行系统自动化部署以及使用 zabbix 进行系统自动化监控。

项目 4 为服务器安全运维，主要介绍使用安全检查工具进行服务器安全检查、使用 DRBD 进行数据备份以及使用 extundelete 进行 Linux 系统下的误删恢复。

本书主要有以下特点：

(1) 基于校企结合进行教材开发与建设。本书以人才培养要求及企业职业岗位标准为导向，将学生角色与企业员工角色相结合、学习内容与职业岗位职责相结合，强化实践操作能力的培养，重视学生校内学习与实际工作的一致性。

(2) 基于工作过程情景化、系统化设计教材内容。本书是一本专业化的活页式教材，内容以实际工作中的具体任务为基础，模拟任务情景，力求有利于实现本课程的教学目标，为专业教育目标服务。

(3) 适用性强，可实现"零距离"就业。本书内容的定位是在对企业员工岗位职责和岗位技能广泛调研的基础上完成的，贴合企业一线岗位需求和企业实际需要，有利于实现学生"零距离"就业。

在编写本书的过程中，编者得到了同事的无私帮助和家人的大力支持，在此一并表示诚挚的感谢！

编者力求完善本书，但由于水平和学识有限，书中难免存在不足之处，恳请广大读者批评指正。

编　者

2023 年 8 月

目　录

项目 1　移动电商服务器单点部署

项 目 简 介			
任务名称	移动电商服务器单点部署	所属课程	移动互联系统运维技术
前序任务	复习 Linux 常用命令	课时规划	16 学时
实施方式	实际操作	考核方式	操作演示
考核点	JDK 环境部署、MySQL 软件安装、tomcat 软件安装、Web 应用部署与验证		
任务简介	使用 Linux 系统搭建单点服务器，在服务器中部署 MySQL、tomcat 等应用软件，并将自己开发的 Java Web 应用部署到 tomcat 中，修改相应的配置，实现应用的正常访问		
设备环境	VMware 虚拟仿真软件		
教学方法	采用手把手的教学方法，通过操作训练引导学生掌握服务器设备部署的相关职业技能，同时通过讲解和演示的方式培养学生相关的职业素养		
实施人员信息			
姓　名		班　级		学　号		电　话	
隶属组		组　长		岗位分工		伙伴成员	

学习情境描述

学习移动电商服务器单点部署，使用 VMware 虚拟软件仿真服务器部署。通过在 Linux 操作系统中进行 JDK 安装和配置、MySQL 安装和配置、tomcat 安装和配置、Web 应用部署与验证等实际操作，加强对运维知识的运用，激发学生对运维的兴趣。

学习目标

1. 知识目标

(1) 了解服务器的作用和发展史。

(2) 了解 JDK 的组成和作用。

(3) 了解常用的数据库软件，理解数据库的作用。

2. 能力目标

(1) 掌握常用的 Linux 命令的使用。

(2) 能够正确部署和配置 JDK、MySQL、tomcat 等软件。

(3) 能够独立进行错误定位和运维排错。

3. 素质目标

(1) 培养良好的编程习惯、职业素养和认真负责的工作态度。

(2) 培养敢于质疑、不懂就问的良好习惯。

(3) 开阔视野，承担新一代信息化建设的责任。

任务书

1. 任务描述

首先在 VMware 软件中创建虚拟机，其次在虚拟机中安装 Linux 操作系统，然后在 Linux 操作系统中进行 JDK 安装和配置、MySQL 安装和配置、tomcat 安装和配置、Web 应用部署与验证等操作，实现对 Linux 端口的管理，并实现外部浏览器对网站的访问。

2. 任务要求

(1) 正确设置 Linux 环境，并能使用连接工具连接。

(2) 正确设置 JDK 环境。

(3) 正确部署 tomcat。

(4) 正确部署 MySQL。

(5) 正确部署 Web 应用。

任务分组

按照任务描述和任务要求，学生自由组队进行分组，分别完成不同的任务。比如队员 1 进行理论知识收集 (获取信息)，队员 2 进行操作，队员 3 对完成结果进行检查复核，将分组情况填入表 1-0-1 中。

表 1-0-1　学生任务分配表

班　级		组　号		指导老师	
组　长		学　号			
组　员	姓　名	学　号		姓　名	学　号
任务分工					

任务 1.1　Linux 环境设置

<table>
<tr><td colspan="4" align="center">任 务 简 介</td></tr>
<tr><td>任务名称</td><td>Linux 环境设置</td><td>所属课程</td><td>移动互联系统运维技术</td></tr>
<tr><td>前序任务</td><td>无</td><td>课时规划</td><td>4 学时</td></tr>
<tr><td>实施方式</td><td>实际操作</td><td>考核方式</td><td>操作演示</td></tr>
<tr><td>考核点</td><td colspan="3">VMware 的正确安装、Linux 系统的安装、Linux 网络配置</td></tr>
<tr><td>任务简介</td><td colspan="3">安装 VMware 软件，并安装指定版本的 Linux 操作系统，能正确进行网络配置，可以使用第三方软件连接 Linux</td></tr>
<tr><td>设备环境</td><td colspan="3">CentOS 7.4 系统</td></tr>
<tr><td>教学方法</td><td colspan="3">采用手把手的教学方法，通过操作训练引导学生掌握服务器设备部署的相关职业技能，同时通过讲解和演示的方式培养学生相关的职业素养</td></tr>
<tr><td colspan="4" align="center">实施人员信息</td></tr>
<tr><td>姓　名</td><td>班　级</td><td>学　号</td><td>电　话</td></tr>
<tr><td>隶属组</td><td>组　长</td><td>岗位分工</td><td>伙伴成员</td></tr>
</table>

获取信息

引导问题 1：大家知道图 1-1-1 是什么吗？

图 1-1-1

引导问题 2：常用的操作系统有哪些？它们分别是由谁开发的？由此你想到了什么？

引导问题 3：Linux 常用的版本有哪些？

引导问题 4：为什么要用 Linux 系统而不用其他系统做服务器？

小提示

常用的操作系统包括以下几种：

(1) Windows 操作系统：由微软公司开发。

(2) macOS 操作系统：由苹果公司开发。

(3) Linux 操作系统：由 Linux 社区及其他贡献者共同开发，没有具体的开发者。

(4) iOS 操作系统：由苹果公司开发，用于 iPhone、iPad 等移动设备。

(5) Android 操作系统：由 Google 公司及其他贡献者共同开发，用于手机、平板电脑等移动设备。

(6) FreeBSD 操作系统：由自由软件社群开发，是一个基于 UNIX 的操作系统。

(7) Ubuntu 操作系统：由 Canonical 公司开发，是基于 Linux 的一个发行版操作系统。

(8) 麒麟操作系统（Kylin OS）：由中国科学院计算技术研究所推出的国产操作系统，旨在减少对外依赖，提升信息安全能力，并适应国内外市场需求。

中国有许多优秀的软件开发者，不仅在国内市场取得了成功，也在国际舞台上发挥着越来越重要的作用。

工作计划

1. 工作准备

为了完成本任务，首先要安装 VMware 软件，熟悉在该软件中创建虚拟机、安装 Linux 系统的方法；其次要规划好 IP，熟悉在 VMware 软件中修改 IP 网段的步骤；最后要能熟练使用常用的 Linux 命令，如 cd、vi、ip a、ps、service、cat 等。

2. 列出软件和工具清单

试写出本任务可能涉及的软件和工具，并将它们的版本和功能填入表 1-1-1 中。

表 1-1-1　软件 / 工具清单

软件 / 工具	版　　本	功　　能

进行决策

根据计算机环境和实操前的工作准备，决定软件版本和实操流程。

_____

_____

_____

工作实施

1. 实施要求或注意事项

引导问题 1：互联网时代，如何快速获取正版的软件？

_____

_____

引导问题 2：常用的 Linux 系统有哪些？为什么要用 CentOS 系统作为学习的首选？

_____

_____

引导问题 3：VMware 的网络模式有哪几种？它们有什么区别？

_____

_____

2. 实施步骤

为了完成 Linux 环境设置这个任务，可以参考以下的操作步骤进行。

步骤 1   在 VMware 中创建新虚拟机。相关操作如下：

(1) 打开 VMware 软件，单击"文件"→"新建虚拟机"→"典型"→"下一步"→"稍后安装操作系统"→"下一步"，弹出"新建虚拟机向导"对话框，选中"Linux"，版本选"CentOS 7 64 位"，单击"下一步"按钮，如图 1-1-2 所示。

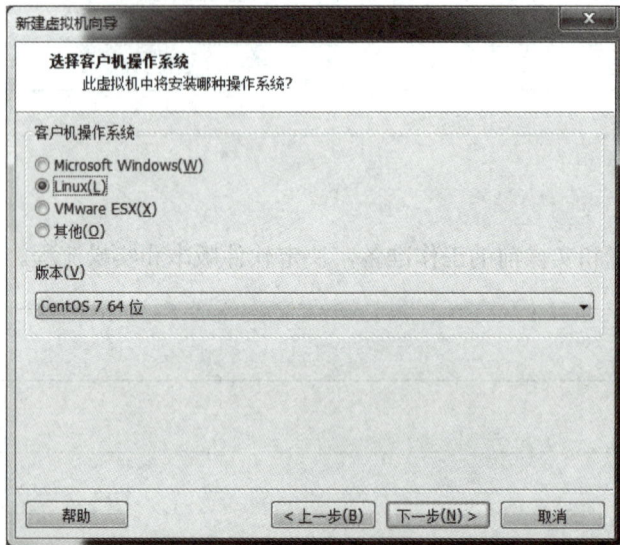

图 1-1-2   虚拟机操作系统选择

(2) 命名虚拟机（填写一个容易识别的名字，如"单点服务器"），首先单击"浏览"按钮，将虚拟机文件放到一个大一点的磁盘分区，然后单击"下一步"按钮，如图 1-1-3 所示。

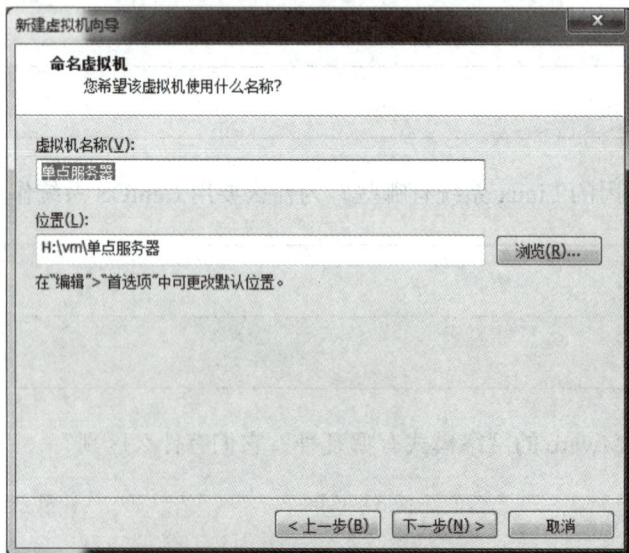

图 1-1-3   虚拟机位置选择

(3) 硬盘填 100 GB，单击→"下一步"→"自定义硬件"，弹出"硬件"对话框，选中"新 CD/DVD(IDE)"，选择"使用 ISO 映像文件"（注："映像"应为"镜像"，下同），单击"浏览"，选择下载好的"CentOS-7-x86_64-DVD-1708 映像"，如图 1-1-4 所示。

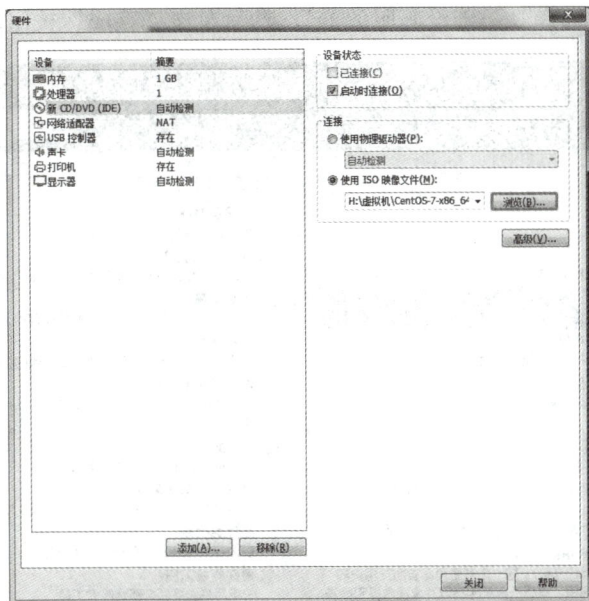

注：图中"映像"应为"镜像"，因软件设置，无法修改。后同。

图 1-1-4　虚拟机镜像选择

步骤 2　安装 Linux 系统。相关操作如下：

(1) 右击"单点服务器"→"开启此虚拟机"(等待开机)→"Install CentOS 7"(使用键盘上下键选择)→回车(等待进入选择界面，将鼠标下滑到底)→"中文"→"继续"→"软件选择"，如图 1-1-5 所示。

注：本书图中 CENTOS 7 应为 CentOS 7，因系统给定，无法修改。

图 1-1-5　安装信息摘要

(2) 软件选择。选择"基础设施服务器",然后单击"完成"按钮,如图 1-1-6 所示。

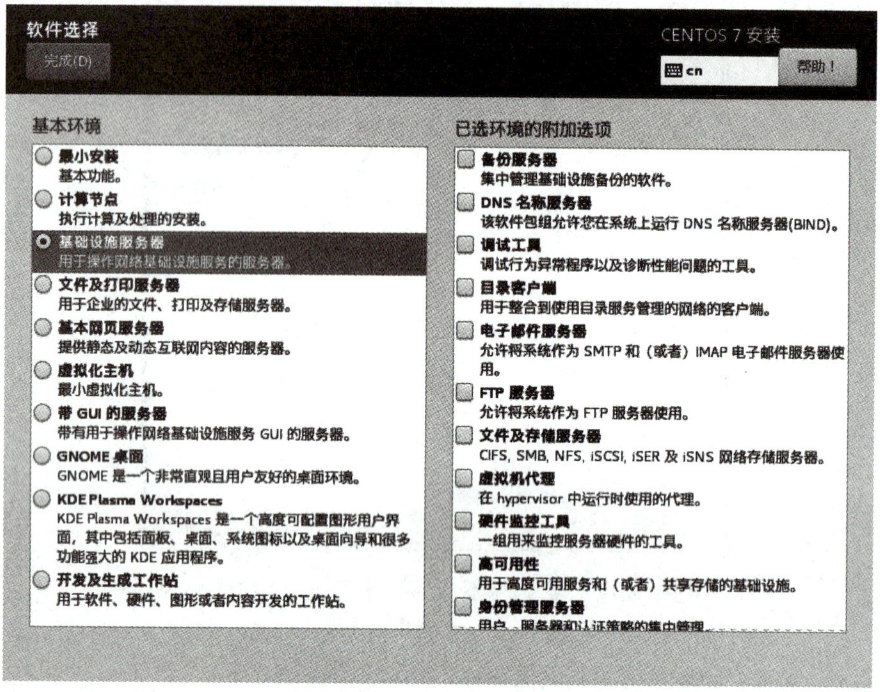

图 1-1-6   软件选择

(3) 安装位置选择。选择"本地标准磁盘",单击"完成"按钮,如图 1-1-7 所示。

图 1-1-7   安装位置选择

(4) 网络连接。选择"以太网 (ens33)",单击"打开"→"完成",如图 1-1-8 所示。

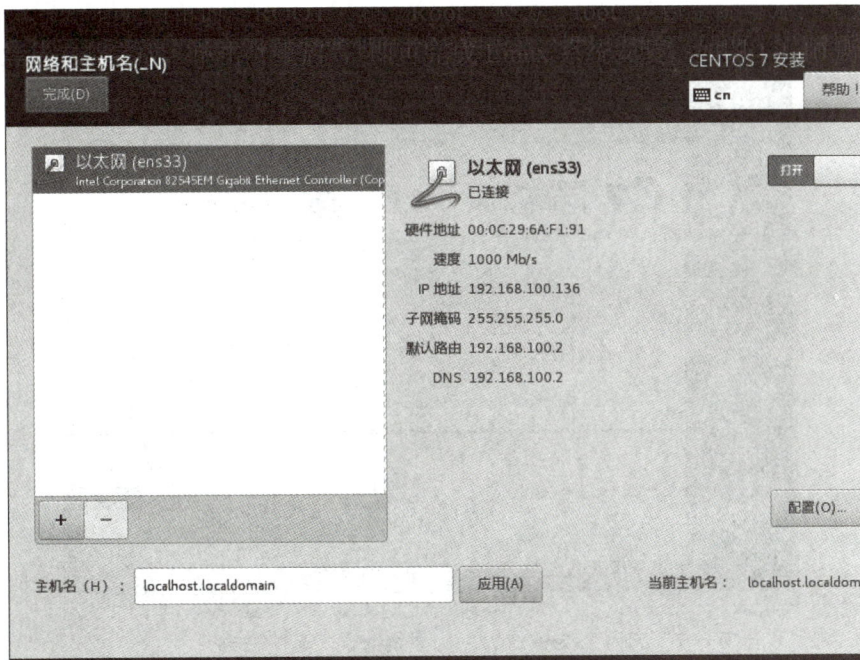

图 1-1-8　网络选择

（5）开始安装。设置密码（为 root 用户设置一个简单的密码即可，如 123456），单击"完成"按钮，如图 1-1-9 所示。

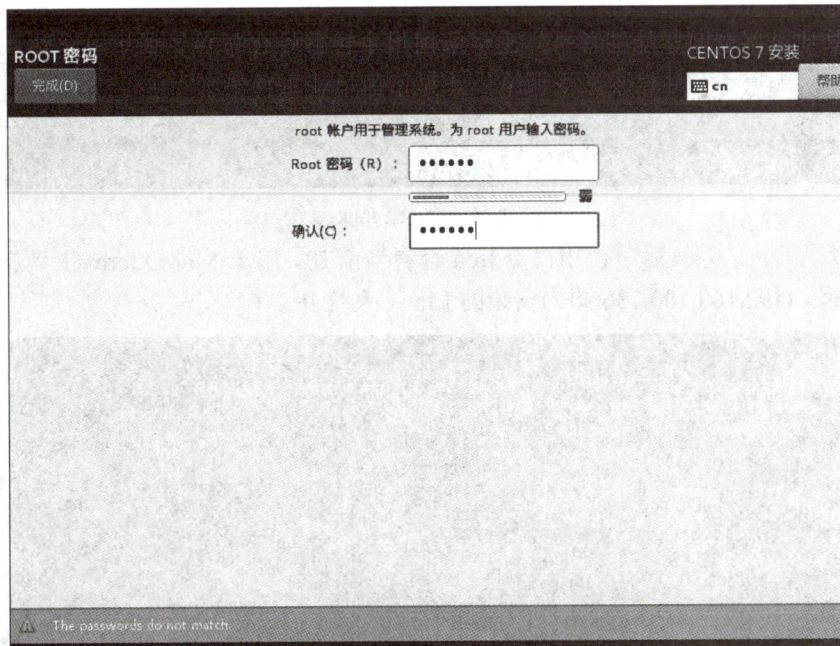

注：图中"帐"应为"账"，因系统给定，无法修改。

图 1-1-9　设置 root 密码

注：本书所有截图中的"ROOT"和"Root"应为"root"，因系统给定，无法修改。

（6）等待安装完成，单击"重启"，即可完成 Linux 系统安装，如图 1-1-10 所示。

注："CENTOS 7"应为"CentOS 7"，因系统给定，无法修改。

图 1-1-10　Linux 系统安装完成

步骤 3　使用 MobaXterm 工具连接到 Linux 系统。相关操作如下：

(1) 等待 Linux 重启完成后，单击黑色界面，使用用户 root 和密码 123456 登录，如图 1-1-11 所示。

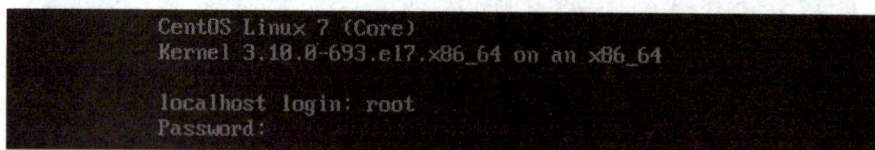

图 1-1-11　登录 Linux 系统

(2) 登录 Linux 系统后，使用命令 ip a 查看当前 IP，用于 MobaXterm 工具连接，如图 1-1-12 所示。(192.168.100.136 即为安装的 Linux 系统 IP。)

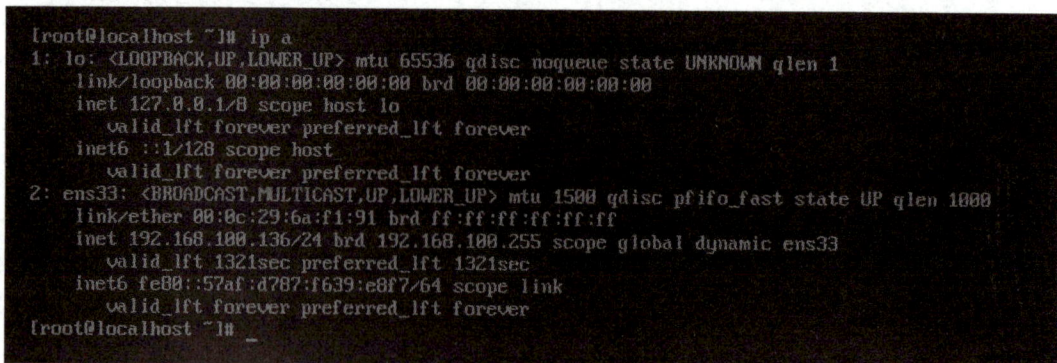

图 1-1-12　查看 IP 地址

(3) 打开 MobaXterm 软件，单击"会话"，然后选择"SSH"，接着在远程主机的输入框中输入 IP 地址，勾选指定用户名，输入用户名 root，端口使用默认的 22 即可，最后单击"好的"按钮，如图 1-1-13 所示。

图 1-1-13　MobaXterm 连接设置

在弹出的窗口中输入密码 123456，如图 1-1-14 所示。

图 1-1-14　MobaXterm 输入密码

如果有弹窗询问是否要保存密码，可以选"是"或"否"，连接成功的界面如图 1-1-15
所示。

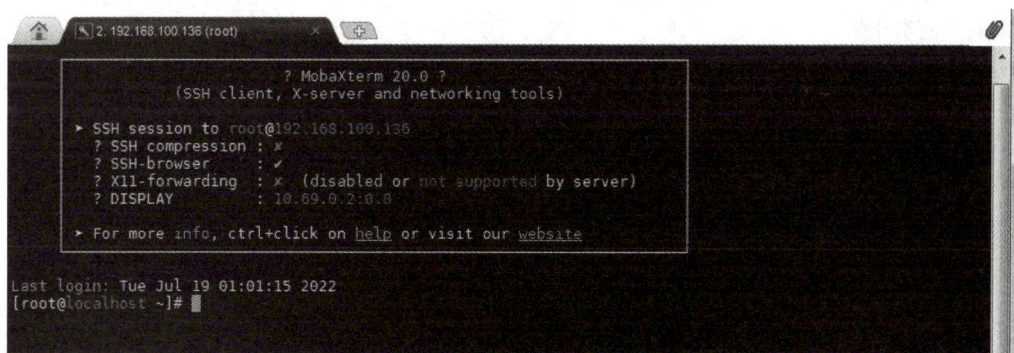

图 1-1-15　MobaXterm 连接成功

小提示

常用 Linux 连接工具除了 MobaXterm 外，还有 secureCRT、Xshell、WinSCP、PuTTY
等，用户可以根据自己的使用习惯自由选择适合自己的工具，本书仅演示 MobaXterm 连
接工具的使用。

评价反馈

1. 学生自评

评分项	分　值	作答要求	评审规定	得　分
获取信息	2	问题回答清晰准确，能够紧扣主题，没有明显错误项	对照标准答案，错一项扣0.5分，扣完为止	
工作计划	3	工作计划优秀可实施，没有任何细节错误	对照标准答案，错一项扣0.5分，扣完为止	
工作实施	4	有具体配置图例，各设备配置清晰正确	未能按工作要求实施，每次扣1分，扣完为止	
其他	1	工作过程中能够做到认真仔细，科学严谨	出现消极表现，每次扣0.5分，扣完为止	
综合评价及得分				

2. 学生互评

评分项	分　值	作答要求	评审规定	得　分
获取信息	2	问题回答清晰准确，能够紧扣主题，没有明显错误项	对照标准答案，错一项扣0.5分，扣完为止	
工作计划	3	工作计划优秀可实施，没有任何细节错误	对照标准答案，错一项扣0.5分，扣完为止	
工作实施	4	有具体配置图例，各设备配置清晰正确	未能按工作要求实施，每次扣1分，扣完为止	
其他	1	工作过程中能够做到认真仔细，科学严谨	出现消极表现，每次扣0.5分，扣完为止	
综合评价及得分				

3. 教师评价

评分项	分　值	作答要求	评审规定	得　分
任务准备	3	学生对任务目标清晰，能够做好充分的准备工作	对照准备工作项，未完成一项扣0.5分，扣完为止	
任务实施	4	有具体配置图例，各设备配置清晰正确	未能按工作要求实施，每次扣1分，扣完为止	
团队合作	2	学生能相互帮助，团结协作	组员之间产生分歧未能及时化解，每次扣0.5分，扣完为止	
其他	1	学生在工作过程中能够做到认真仔细，科学严谨	出现消极表现，每次扣0.5分，扣完为止	
综合评价及得分				

知识链接

1. Linux 操作系统

Linux 是一种计算机操作系统，通常被称为类 UNIX 系统。1986 年，芬兰赫尔辛基大学 Andrew S. Tanenbaum 教授开发出 Minix 系统；1991 年，Linus Torvalds 改进了 Minix 系统，将源代码放在 FTP 站点，后来站点管理员建立了 Linux 文件夹存放；20 世纪 90 年代初，Linux 1.0 版本诞生，该版本的 Linux 操作系统功能完备，内核代码编写紧凑高效，充分发挥了硬件性能。

Linux 体系主要分为 Debian 系和 Red Hat 系。Debian 系主要有 Ubuntu、Debian、Mint 等及其衍生版本；Red Hat 系主要有 Red Hat、Fedora、CentOS 等。

2. CentOS

CentOS 为社区企业操作系统，是一个基于 RHEL，可自由使用的源代码企业级的 Linux 发行版本，可将 RHEL 发行的源代码重新编译一次，形成一个可使用的二进制版本。

CentOS 的特点如下：

(1) CentOS 实际上就是 Red Hat AS 系列，其操作、使用方式和 Red Hat AS 没有区别；

(2) 完全免费；

(3) 独有"yum"命令支持在线升级，可以即时更新系统；

(4) 修正了 Red Hat AS 的部分 Bug；

(5) 与 Red Hat AS 同宗同源，版本间有类似之处。

3. VMware Workstation

VMware Workstation(威睿工作站) 是一款功能强大的桌面虚拟计算机软件。VMware Workstation 可在一部实体机器上模拟完整的网络环境和虚拟主机，其灵活性与先进的技术胜过了市面上其他的虚拟计算机软件。对于企业的 IT 开发人员和系统管理员而言，VMware Workstation 在虚拟网络、实时快照、拖拽共享文件夹、支持 PXE 等方面的特点使它成为必不可少的工具。

VMware Workstation 允许操作系统 (OS) 和应用程序 (Application) 在一台虚拟机内部运行。虚拟机是独立运行主机操作系统的离散环境。在 VMware Workstation 中，可以在一个窗口中加载一台虚拟机运行自己的操作系统和应用程序；也可以在运行于桌面上的多台虚拟机之间切换，通过一个网络共享虚拟机 (如公司局域网) 挂起和恢复虚拟机以及退出虚拟机，这一切不会影响主机操作和任何操作系统或者其他正在运行的应用程序。

4. Linux 常用远程连接工具

常用的 Linux 远程连接工具有 SecureCRT、Xshell、WinSCP 和 MobaXterm。

1) SecureCRT

SecureCRT 是一款支持 SSH(SSH1 和 SSH2) 的终端仿真程序，简单地说是 Windows 下登录 UNIX 或 Linux 服务器主机的软件。

2) Xshell

Xshell 可以在 Windows 界面下访问远端不同系统中的服务器，从而比较好地达到远程控制终端的目的。除此之外，Xshell 还有丰富的外观配色方案以及样式选择。

3) WinSCP

WinSCP 是一个 Windows 环境下使用 SSH 的开源图形化 SFTP 客户端，同时支持 SCP 协议。它的主要功能是在本地与远程计算机间安全地复制文件。WinSCP 也可以连接其他系统，如 Linux 系统。

4) MobaXterm

MobaXterm 的功能非常全面，提供了几乎所有重要的远程网络工具（如 SSH、X11、RDP、VNC、FTP、MOSH 等），以及 Windows 桌面上的 UNIX 命令（如 bash、ls、cat、sed、grep、awk、rsync 等），登录之后默认开启 SFTP 模式。

任务 1.2　JDK 环境搭建

任务 简 介			
任务名称	JDK 环境搭建	所属课程	移动互联系统运维技术
前序任务	Linux 环境设置	课时规划	4 学时
实施方式	实际操作	考核方式	操作演示
考核点	Linux 系统中 JDK 的下载、Linux 系统中 JDK 的安装、Linux 系统中 JDK 的验证		
任务简介	下载 JDK，在 Linux 系统中完成 JDK 的安装并验证 JDK 的安装是否正确		
设备环境	CentOS 7.4 系统		
教学方法	采用手把手的教学方法，通过操作训练引导学生掌握服务器设备部署的相关职业技能，同时通过讲解和演示的方式培养学生相关的职业素养		
实施人员信息			
姓　名		班　级		学　号		电　话	
隶属组		组　长		岗位分工		伙伴成员	

获取信息

引导问题 1：大家都学习过 Java 语言，那么学习 Java 前第一步需要做什么？

_____

_____

_____

引导问题 2：JDK 由哪些部分组成？它们分别有什么作用？

_____

_____

引导问题 3：Windows 环境中在哪里设置路径？在 Linux 环境中呢？

_____

_____

引导问题 4：不同版本的 JDK 能不能互相兼容？

_____

_____

引导问题 5：在 Linux 系统中安装 JDK 有多少种方法？它们各有什么异同？

_____

_____

_____

小提示

　　JDK 是 Java 的开发编译环境。它里面包含了很多的类库，也就是 jar 包、JRE(Java Runtime Enviroment) 虚拟机。JDK 是 Java 语言开发的最基础的工具包，也是 Java 程序运行的基础和搭建各种 IDE 开发环境的基础。不论是学习 Java 编程，还是搭建 JSP-Web 开发环境，又或者是搭建 Android 开发环境都离不开它。

　　很多人在安装 JDK 时，通常也会单独安装 JRE，那么这两者之间究竟存在什么区别呢？下面来详细了解一下。

　　(1) 重要程度不一样。JRE 的地位就好比一台 PC，编写的 Java 程序一定要安装 JRE 才可以运行，只要电脑中安装了 JRE，那么就能够正确地运行 Java 应用程序。

　　(2) 面向人群不一样。JDK 是面向开发人员使用的 SDK，而 JRE 是指 Java 的运行环境，它是面向 Java 程序的使用者的。

工作计划

1. 工作准备

　　为了便于完成本任务，首先要完成 Linux 系统的安装，并使用第三方软件连接到 Linux；其次要查找资料，熟悉 JDK 软件，了解 JDK 软件的版本、安装流程，掌握 Java 常用的命令等。

2. 列出软件和工具清单

试写出本任务可能涉及的软件和工具，并将它们的版本和功能填入表 1-2-1 中。

表 1-2-1　软件 / 工具清单

软件 / 工具	版　本	功　能

进行决策

根据计算机环境和实操前的工作准备，决定软件版本和实操流程。

工作实施

1. 实施要求或注意事项

引导问题 1：如何下载正版的 JDK 程序？

引导问题 2：目前主流的 JDK 版本有哪些？它们各有什么特点？

引导问题 3：如何验证 JDK 的安装是否正确？

引导问题 4：Linux 系统中路径的设置在哪些文件中进行？

2. 实施步骤

为了完成本任务，可以参考以下的步骤进行操作。

步骤 1　下载 JDK 1.8。

方法 1：在 Linux 中直接使用 wget 命令下载 JDK 1.8，如图 1-2-1 所示。用 MobaXterm 连接 Linux 系统后，在 root 目录下执行以下代码：

> wget --no-check-certificate --no-cookies --header "Cookie: oraclelicense=accept-securebackup-cookie" http://download.oracle.com/otn-pub/java/jdk/8u131-b11/d54c1d3a095b4ff2b6607d096fa80163/jdk-8u152-Linux-x64.tar.gz

图 1-2-1　在 Linux 中使用 wget 命令下载 JDK 1.8

方法 2：在浏览器中先下载 JDK 后再上传到 Linux 系统中，在浏览器中输入网址：https://repo.huaweicloud.com/java/jdk/8u152-b16/，打开网页，选择 jdk-8u152-Linux-x64.tar.gz 进行下载，如图 1-2-2 所示。

Index of java-local/jdk/8u152-b16

Name	Last modified	Size
../		
jdk-8u152-linux-arm32-vfp-hflt.tar.gz	09-Jan-2018 14:43	77.94 MB
jdk-8u152-linux-arm64-vfp-hflt.tar.gz	09-Jan-2018 14:43	74.88 MB
jdk-8u152-linux-i586.rpm	09-Jan-2018 14:43	168.99 MB
jdk-8u152-linux-i586.tar.gz	09-Jan-2018 14:44	183.77 MB
jdk-8u152-linux-x64.rpm	09-Jan-2018 14:44	166.12 MB
jdk-8u152-linux-x64.tar.gz	09-Jan-2018 14:45	180.99 MB
jdk-8u152-macosx-x64.dmg	09-Jan-2018 14:45	247.13 MB
jdk-8u152-solaris-sparcv9.tar.Z	09-Jan-2018 14:46	140.15 MB
jdk-8u152-solaris-sparcv9.tar.gz	09-Jan-2018 14:46	99.29 MB
jdk-8u152-solaris-x64.tar.Z	09-Jan-2018 14:46	140.6 MB
jdk-8u152-solaris-x64.tar.gz	09-Jan-2018 14:46	97.04 MB
jdk-8u152-windows-i586.exe	09-Jan-2018 14:47	198.46 MB
jdk-8u152-windows-x64.exe	09-Jan-2018 14:47	206.42 MB

ArtifactRepo/ Server at repo.huaweicloud.com Port 443

图 1-2-2　在浏览器中下载 JDK 1.8

下载后，再通过 MobaXterm 上传到 Linux 系统的 /root 目录中，如图 1-2-3 所示。

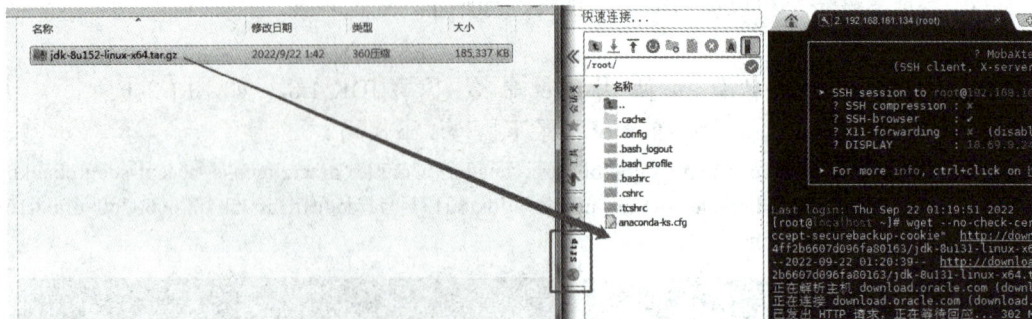

图 1-2-3　通过 MobaXtermch 上传 JDK 1.8

步骤 2　解压 JDK 1.8。代码如下：

```
mkdir /usr/local/java                                    # 创建 java 文件夹
cd                                                       # 回到主目录
tar -xvf jdk-8u152-Linux-x64.tar.gz -C /usr/local/java   # 解压
```

解压结果如图 1-2-4 所示。

图 1-2-4　解压 jdk-8u152-Linux-x64.tar.gz

步骤 3　设置路径。具体操作如下：

(1) 设置环境变量，相关操作如下：

① 在 /etc/profile 中添加 JAVA_HOME 常量。代码如下：

```
echo "export JAVA_HOME=/usr/local/java/jdk1.8.0_152" >> /etc/profile;
```

② 在 /etc/profile 中添加 JRE_HOME 常量。代码如下：

```
echo "export JRE_HOME=\${JAVA_HOME}/jre" >> /etc/profile;
```

③ 在 /etc/profile 中添加 CLASSPATH 常量。代码如下：

```
echo "export CLASSPATH=.:\${JAVA_HOME}/lib:\${JRE_HOME}/lib" >> /etc/profile;
```

④ 在 PATH 路径中添加以上常量，只有添加在 PATH 中路径才生效。代码如下：

```
echo "export  PATH=\${JAVA_HOME}/bin:\$PATH" >> /etc/profile;
```

(2) 加载配置，使之生效。相关代码如下：

```
source /etc/profile                   # 执行 source + 脚本可使脚本的配置立即生效
```

(3) 验证安装成功。相关代码如下：

```
java -version                 # 查看 Java 版本
```

当出现正确的版本信息时，即表明 JDK 安装成功，如图 1-2-5 所示。

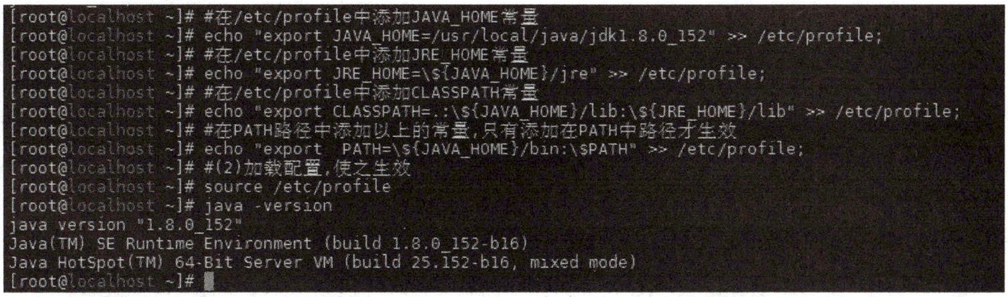

图 1-2-5 查看 Java 版本并验证 JDK 安装成功

小提示

在 Linux 操作系统中，如果要检查系统中自带的 JDK，可以使用如下命令：

```
rpm -qa | grep java
```

如果要卸载系统中自带的 JDK，可以使用如下命令：

```
rpm -e --nodeps
```

或者通过下面的命令卸载：

```
yum remove *openjdk*
```

评价反馈

1. 学生自评

评分项	分 值	作答要求	评审规定	得 分
获取信息	2	问题回答清晰准确，能够紧扣主题，没有明显错误项	对照标准答案，错一项扣0.5 分，扣完为止	
工作计划	3	工作计划优秀可实施，没有任何细节错误	对照标准答案，错一项扣0.5 分，扣完为止	
工作实施	4	有具体配置图例，各设备配置清晰正确	未能按工作要求实施，每次扣 1 分，扣完为止	
其他	1	工作过程中能够做到认真仔细，科学严谨	出现消极表现，每次扣0.5 分，扣完为止	
综合评价及得分				

2. 学生互评

评分项	分 值	作答要求	评审规定	得 分
获取信息	2	问题回答清晰准确，能够紧扣主题，没有明显错误项	对照标准答案，错一项扣0.5 分，扣完为止	
工作计划	3	工作计划优秀可实施，没有任何细节错误	对照标准答案，错一项扣0.5 分，扣完为止	
工作实施	4	有具体配置图例，各设备配置清晰正确	未能按工作要求实施，每次扣 1 分，扣完为止	
其他	1	工作过程中能够做到认真仔细，科学严谨	出现消极表现，每次扣0.5 分，扣完为止	
综合评价及得分				

3. 教师评价

评分项	分 值	作答要求	评审规定	得 分
任务准备	3	学生对任务目标清晰，能够做好充分的准备工作	对照准备工作项，未完成一项扣 0.5 分，扣完为止	
任务实施	4	有具体配置图例，各设备配置清晰正确	未能按工作要求实施，每次扣 1 分，扣完为止	
团队合作	2	学生能相互帮助，团结协作	组员之间产生分歧未能及时化解，每次扣 0.5 分，扣完为止	
其他	1	学生在工作过程中能够做到认真仔细，科学严谨	出现消极表现，每次扣 0.5 分，扣完为止	
综合评价及得分				

知识链接

1. JDK 的介绍

JDK(Java Development Kit) 是 Java 语言的软件开发工具包 (Software Development Kit，SDK)，是 Sun Microsystems 针对 Java 开发的产品。它由 Java 运行环境 (JRE)、Java 工具和 Java 基础的类库组成。想要开发 Java 产品，需先安装 JDK。

JDK 的基本组件及其作用如表 1-2-1 所示。

表 1-2-1　JDK 的基本组件及其作用

组件名称	作 用
javac	编译器，将源程序转成字节码
jar	打包工具，将相关的类文件打包成一个文件
javadoc	文档生成器，从源代码注释中提取文档
jdb	debugger，查错工具
java	执行编译后的 Java 程序 (以 .class 为后缀的)
appletviewer	小程序浏览器，是一种运行于 HTML 文件上的 Java 小程序浏览器
Javah	产生能够调用 Java 过程的 C 过程，或建立能被 Java 程序调用的 C 过程的头文件
Javap	Javap 是 Java 的反汇编器工具，可以显示编译后类文件中的可访问功能和数据，并且可以同时显示字节代码的含义
Jconsole	Java 进行系统调试和监控的工具

2. JDK 的作用

JDK 是 Java 语言的软件开发工具包，主要用于移动设备、嵌入式设备的 Java 应用程序。JDK 是整个 Java 开发的核心，它包含了 Java 的运行环境 (JVM+Java 系统类库) 和 Java 工具。

简言之，JDK 就是给开发者提供的开发工具箱，是供程序开发者使用的。它除了包括完整的 JRE 和 Java 运行环境外，还包含了其他供开发者使用的工具包。

(1) SE(Java SE)：标准版 (Standard Edition) 是常用的一个版本，从 JDK 5.0 开始，改名为 Java SE。

(2) EE(Java EE)：EE 指企业版 (Enterprise Edition)，使用这种 JDK 开发 J2EE 应用程序，从 JDK 5.0 开始，改名为 Java EE。自 2018 年 2 月 26 日开始，J2EE 改名为 Jakarta EE。

(3) ME(J2ME)：ME(Micro Edition) 主要用于移动设备、嵌入式设备的 Java 应用程序，从 JDK 5.0 开始，改名为 Java ME。

如果没有 JDK，就无法编译 Java 程序 (指 Java 源码和 Java 文件)。如果想运行 Java 程序 (指 class 或 jar 或其他归档文件)，就要确保已安装相应的 JRE。

任务 1.3　MySQL 安装和配置

任 务 简 介			
任务名称	MySQL 安装和配置	所属课程	移动互联系统运维技术
前序任务	JDK 环境搭建	课时规划	4 学时
实施方式	实际操作	考核方式	操作演示
考核点	MySQL 软件安装，连接工具使用，数据表的查看		
任务简介	使用 Linux 系统部署 MySQL，并能使用常用的数据库连接工具 Navicat 进行连接，查看数据表等操作		
设备环境	VMware 虚拟仿真软件		
教学方法	采用手把手的教学方法，通过操作训练引导学生掌握服务器设备部署的相关职业技能，同时通过讲解和演示的方式培养学生相关的职业素养		
实施人员信息			
姓　名		班　级		学　号		电　话	
隶属组		组　长		岗位分工		伙伴成员	

获取信息

引导问题 1：为什么要使用数据库？数据库有哪些分类？它们各有什么优势？

_____

_____

_____

_____

_____

引导问题 2：MySQL 的特点有哪些？

_____

_____

_____

_____

_____

小提示

当今市面上的数据库产品众多，每种数据库都有自己的优点和缺点，或出于数据库的性能和易用性考虑，或出于商用和开源考虑，如何选择合适的数据库产品，成为重中之重！

主要的数据库产品有如下几种：

(1) Oracle：作为一种商业性数据库，Oracle 在事务处理方面有自己独到的优势，其功能比较强大，市场占有率也比较高。Oracle 是一种大型的关系型数据库，使用时会收费。在部署上，Oracle 可以根据自己的环境采用单节点或者集群部署。Oracle 常用于银行和金融机构，存储大量数据，可以对海量数据进行分析处理，在安全性上使用访问控制和多种数据备份机制，可靠性高。

(2) MySQL：作为一种开源的轻量级数据库，MySQL 在开源数据库中比较流行，因其小巧、安装方便快捷且易于维护，常用于互联网公司。因为开源，使用比较灵活，MySQL 还有许多第三方的存储引擎，用户可以根据自己的需要进行安装。在功能上 MySQL 可能没有 Oracle 强大，但是 MySQL 对于资源的占用非常少，数据恢复快。在维护上，MySQL 一直追求稳定的性能和易用性。

(3) Redis：作为一种缓存数据库，Redis 对于数据的读写特别快，这是因为其数据放在内存中，但是内存比较贵，且内存也是有限制的，当内存不够时，就需要使用 Redis 的分布式方案。Redis 作为一种非关系型数据库，适用于高并发场景，配合关系型数据库作为高速缓存，也可以降低磁盘 I/O，使用键 – 值对存储，不适用于结构复杂的 SQL 数据。

此外，MongoDB、SQL Server 等也是常用的数据库。

选择数据库时，既要考虑成本，也要考虑维护的稳定性和便利性，以及自己的设备规模。最重要的是应结合自己的业务需要来选择。对于要求高安全性和海量数据的业务，如果能承担高昂的成本，那么可以选择 Oracle；一般应用的快速查询和高并发访问，通常可以选择 MySQL。如果有其他特殊情况则特殊处理。

三　工作计划

1. 工作准备

为了便于完成本任务，首先要完成 Linux 系统的安装，并使用第三方软件连接到 Linux；其次要查找资料，了解 MySQL 软件的版本、安装流程，下载相应版本的 MySQL 软件和数据库连接工具，熟悉 MySQL 常用的命令等。

2. 列出软件和工具清单

试写出本任务可能涉及的软件和工具，并将它们的版本和功能填入表 1-3-1 中。

表 1-3-1　软件 / 工具清单

软件 / 工具	版　本	功　能

进行决策

根据计算机环境和实操前的工作准备，决定软件版本和实操流程。

_____

_____

_____

_____

工作实施

1. 实施要求或注意事项

引导问题 1：如何才能下载到正版的 MySQL？

_____

_____

_____

_____

引导问题 2：常用的 MySQL 版本有哪些？

_____

_____

_____

_____

_____

引导问题 3：安装过程中遇到没有可用的软件时怎么解决？

_____

_____

_____

_____

_____

2. 实施步骤

为了完成本任务，可以参考以下的步骤进行操作。

步骤 1　搭建本地 yum 源。

(1) 上传配套的 yum_repo.tar.gz 资源包到单点服务器的 /root 目录中，如图 1-3-1 所示。

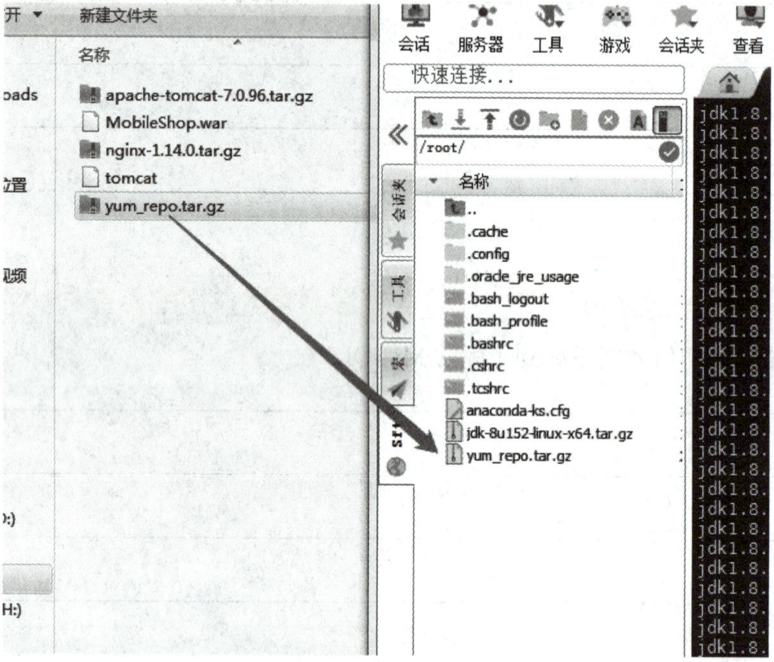

图 1-3-1　上传 yum_repo.tar.gz 包

(2) 解压 yum_repo.tar.gz。相关代码如下：

```
mkdir /yum
tar zxvf /root/yum_repo.tar.gz -C /yum
```

(3) 使用自定义 yum，创建 yum 客户端配置文件。相关代码如下：

```
rm  /etc/yum.repos.d/* /home                    # 备份 yum 源
echo '[local-repo]
name = local repo for test
baseurl = file:///yum/repo/
```

```
                enabled = 1
                gpgcheck =0' >/etc/yum.repos.d/local-repo.repo            # 创建本地源
```

(4) 清缓存，重建缓存区。相关代码如下：

```
        yum clean all
        yum makecache
```

创建的本地 yum 源如图 1-3-2 所示。

图 1-3-2　成功创建本地 yum 源

步骤 2　安装、配置 MySQL。具体操作如下：

(1) 使用 yum 安装 MySQL。相关代码如下：

```
        yum -y install mysql-community-server
```

MySQL 安装成功，如图 1-3-3 所示。

图 1-3-3　成功安装 MySQL

(2) 启动 MySQL。相关代码如下：

```
    systemctl enable mysqld.service
    systemctl start  mysqld.service
```

(3) 查看默认密码。相关代码如下：

```
    grep "password" /var/log/mysqld.log
```

默认密码如图 1-3-4 所示。

图 1-3-4　查看 MySQL 默认密码

(4) 使用默认密码登录 MySQL(默认密码的空格不要复制，单引号要用英文的)，相关代码如下：

```
mysql -uroot -p'lwiaX5Yzzd=l'
```

成功登录 MySQL，如图 1-3-5 所示。

```
[root@localhost ~]# mysql -uroot -p'lwiaX5Yzzd=l'
mysql: [Warning] Using a password on the command line interface can be insecure.
Welcome to the MySQL monitor.  Commands end with ; or \g.
Your MySQL connection id is 4
Server version: 5.7.34

Copyright (c) 2000, 2021, Oracle and/or its affiliates.

Oracle is a registered trademark of Oracle Corporation and/or its
affiliates. Other names may be trademarks of their respective
owners.

Type 'help;' or '\h' for help. Type '\c' to clear the current input statement.

mysql> 
```

图 1-3-5 成功登录 MySQL

(5) 重新设置一个方便记忆的密码(仅在实验环境使用简单密码)，登录 MySQL 后执行以下代码：

```
set global validate_password_policy=LOW;
set global validate_password_length=6;
ALTER USER 'root'@'localhost' IDENTIFIED BY '123456';
```

(6) 开启 MySQL 的远程访问权限，只有开启了远程访问权限，才能用 navicat 连接，相关代码如下：

```
grant all privileges on *.* to 'root'@'localhost' identified by '123456' with grant option;
grant all privileges on *.* to 'root'@'%' identified by '123456' with grant option;
flush privileges;                         # 刷新权限
SELECT user,host FROM mysql.user;         # 查看权限
```

权限查询结果如图 1-3-6 所示，其中“%”号表示允许所有 IP 访问，“localhost”表示只能本地连接。

```
mysql> grant all privileges on *.* to 'root'@'localhost' identified by '123456' with grant option;
Query OK, 0 rows affected, 1 warning (0.00 sec)

mysql> grant all privileges on *.* to 'root'@'%' identified by '123456' with grant option;
Query OK, 0 rows affected, 1 warning (0.00 sec)

mysql> #刷新权限
mysql> flush privileges;
Query OK, 0 rows affected (0.00 sec)

mysql> #查看权限
mysql> SELECT user,host FROM mysql.user;
+---------------+-----------+
| user          | host      |
+---------------+-----------+
| root          | %         |
| mysql.session | localhost |
| mysql.sys     | localhost |
| root          | localhost |
+---------------+-----------+
4 rows in set (0.00 sec)

mysql> 
```

图 1-3-6 权限查询结果

(7) 修改 MySQL 服务器的编码格式。如果不修改编码，那么中文显示和存储可能会

出现乱码，相关操作如下：

① 退出 MySQL，打开 /etc/my.cnf 文件。代码如下：

```
exit
vi /etc/my.cnf
```

② 找到 [client](如果没有，则添加一个)，在下面添加 default-character-set=utf8。

③ 找到 [mysqld]，在下面添加 character_set_server = utf8。

修改后的 my.cnf 文件如图 1-3-7 所示。

```
# For advice on how to change settings please see
# http://dev.mysql.com/doc/refman/5.7/en/server-configuration-defaults.html

[client]
default-character-set=utf8
[mysqld]
character_set_server = utf8
#
# Remove leading # and set to the amount of RAM for the most important data
# cache in MySQL. Start at 70% of total RAM for dedicated server, else 10%.
# innodb_buffer_pool_size = 128M
#
# Remove leading # to turn on a very important data integrity option: logging
# changes to the binary log between backups.
# log_bin
#
# Remove leading # to set options mainly useful for reporting servers.
# The server defaults are faster for transactions and fast SELECTs.
# Adjust sizes as needed, experiment to find the optimal values.
# join_buffer_size = 128M
# sort_buffer_size = 2M
# read_rnd_buffer_size = 2M
datadir=/var/lib/mysql
socket=/var/lib/mysql/mysql.sock

# Disabling symbolic-links is recommended to prevent assorted security risks
symbolic-links=0

log-error=/var/log/mysqld.log
pid-file=/var/run/mysqld/mysqld.pid
~
~
```

图 1-3-7　my.cnf 文件详情

④ 重启 MySQL。代码如下：

```
service mysqld restart
```

⑤ 查看编码。代码如下：

```
mysql -uroot -p'123456'
show variables like 'character%';
```

查看结果如图 1-3-8 所示。

```
mysql> show variables like 'character%';
+--------------------------+----------------------------+
| Variable_name            | Value                      |
+--------------------------+----------------------------+
| character_set_client     | utf8                       |
| character_set_connection | utf8                       |
| character_set_database   | utf8                       |
| character_set_filesystem | binary                     |
| character_set_results    | utf8                       |
| character_set_server     | utf8                       |
| character_set_system     | utf8                       |
| character_sets_dir       | /usr/share/mysql/charsets/ |
+--------------------------+----------------------------+
```

图 1-3-8　成功修改编码

步骤 3　使用 navicat 连接 MySQL。

(1) 打开 navicat 软件，单击"连接"按钮，输入 Linux 的 IP 地址，可通过 ip a 命令查看 IP 地址，如图 1-3-9 所示。

```
[root@localhost ~]# ip a
1: lo: <LOOPBACK,UP,LOWER_UP> mtu 65536 qdisc noqueue state UNKNOWN qlen 1
    link/loopback 00:00:00:00:00:00 brd 00:00:00:00:00:00
    inet 127.0.0.1/8 scope host lo
       valid_lft forever preferred_lft forever
    inet6 ::1/128 scope host
       valid_lft forever preferred_lft forever
2: ens33: <BROADCAST,MULTICAST,UP,LOWER_UP> mtu 1500 qdisc pfifo_fast state UP qlen 1000
    link/ether 00:0c:29:a9:0d:64 brd ff:ff:ff:ff:ff:ff
    inet 10.0.0.128/24 brd 10.0.0.255 scope global dynamic ens33
       valid_lft 1791sec preferred_lft 1791sec
    inet6 fe80::6368:2f4d:981:b0c9/64 scope link
       valid_lft forever preferred_lft forever
[root@localhost ~]#
```

图 1-3-9　查看 IP 地址

(2) 填写正确的端口、用户名和密码，然后单击"确定"按钮，如图 1-3-10 所示。

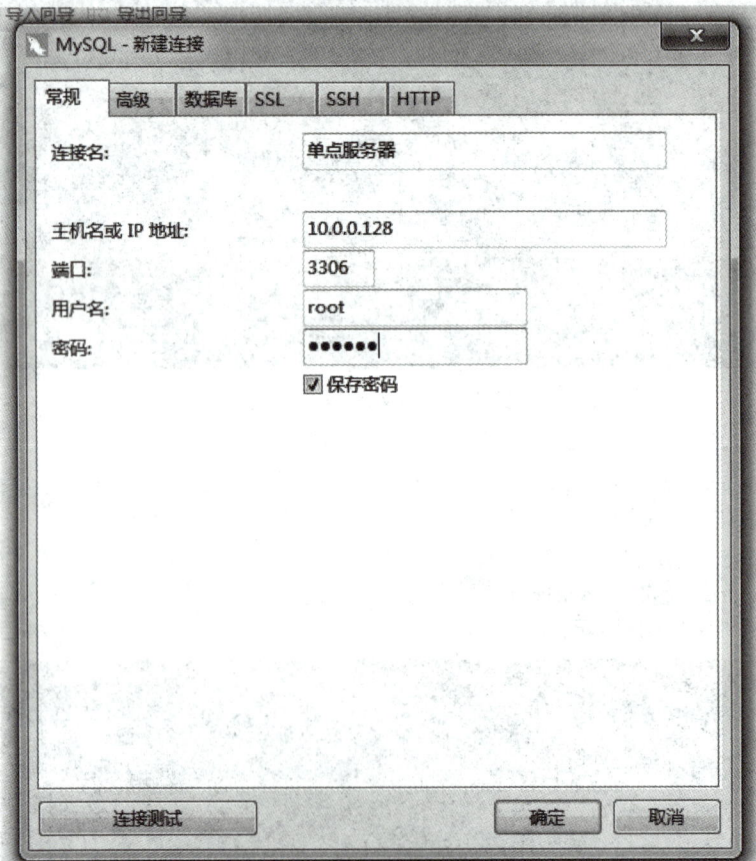

图 1-3-10　填写连接信息

若连接不上，则查看 Linux 防火墙是否已关闭，相关代码如下：

```
systemctl status firewalld.service
```

防火墙成功关闭状态如图 1-3-11 所示。

图 1-3-11　成功关闭防火墙

正常连接 MySQL 并查看"user"表，如图 1-3-12 所示。

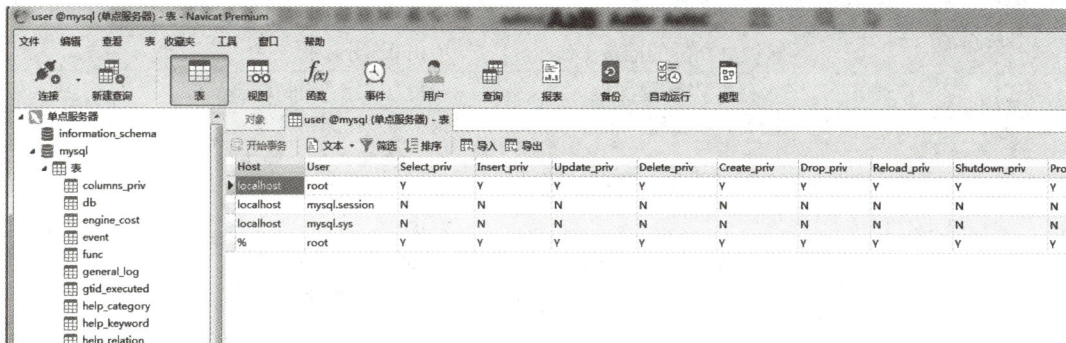

图 1-3-12　查看"user"表

评价反馈

1. 学生自评

评分项	分　值	作答要求	评审规定	得　分
获取信息	2	问题回答清晰准确，能够紧扣主题，没有明显错误项	对照标准答案，错一项扣 0.5 分，扣完为止	
工作计划	3	工作计划优秀可实施，没有任何细节错误	对照标准答案，错一项扣 0.5 分，扣完为止	
工作实施	4	有具体配置图例，各设备配置清晰正确	未能按工作要求实施，每次扣 1 分，扣完为止	
其他	1	工作过程中能够做到认真仔细，科学严谨	出现消极表现，每次扣 0.5 分，扣完为止	
综合评价及得分				

2. 学生互评

评分项	分　值	作答要求	评审规定	得　分
获取信息	2	问题回答清晰准确，能够紧扣主题，没有明显错误项	对照标准答案，错一项扣0.5分，扣完为止	
工作计划	3	工作计划优秀可实施，没有任何细节错误	对照标准答案，错一项扣0.5分，扣完为止	
工作实施	4	有具体配置图例，各设备配置清晰正确	未能按工作要求实施，每次扣1分，扣完为止	
其他	1	工作过程中能够做到认真仔细，科学严谨	出现消极表现，每次扣0.5分，扣完为止	
综合评价及得分				

3. 教师评价

评分项	分　值	作答要求	评审规定	得　分
任务准备	3	学生对任务目标清晰，能够做好充分的准备工作	对照准备工作项，未完成一项扣0.5分，扣完为止	
工作实施	4	有具体配置图例，各设备配置清晰正确	未能按工作要求实施，每次扣1分，扣完为止	
团队合作	2	学生能相互帮助，团结协作	组员之间产生分歧未能及时化解，每次扣0.5分，扣完为止	
其他	1	学生在工作过程中能够做到认真仔细，科学严谨	出现消极表现，每次扣0.5分，扣完为止	
综合评价及得分				

知识链接

1. 常用的数据库及其特点

1) Oracle 数据库

Oracle 数据库管理系统是由甲骨文 (Oracle) 公司开发的，在数据库领域一直处于领先地位。目前，Oracle 数据库覆盖了大、中、小型计算机等几十种计算机型，已成为世界上使用最广泛的关系型数据管理系统 (由二维表及其之间的关系组成的一个数据库) 之一。

Oracle 数据库管理系统采用标准的 SQL，并经过美国国家标准技术所 (NIST) 测试。与 IBM SQL/DS、DB2、INGRES、IDMS/R 等兼容，而且它可以在 VMS、DOS、UNIX、Windows 等操作系统下工作。此外，Oracle 数据库管理系统还具有良好的兼容性、可移植性和可连接性。

2) SQL Server 数据库

SQL Server 数据库是由微软公司开发的一种关系型数据库管理系统，广泛用于电子商务、银行、保险、电力等行业。SQL Server 提供了对 XML 和 Internet 标准的支持，具有强大的、灵活的、基于 Web 的应用程序管理功能。SQL Server 数据库界面友好、易于操作，深受广大用户的喜爱，但它只能在 Windows 平台上运行，并对操作系统的稳定性要求较高，因此它很难处理用户数量日益增长带来的问题。

3) DB2 数据库

DB2 数据库是由 IBM 公司研制的一种关系型数据库管理系统，主要应用于 OS/2、Windows 等平台，具有较好的可伸缩性。

DB2 数据库支持标准的 SQL，并且提供了高层次的数据利用性、完整性、安全性和可恢复性，以及从小规模到大规模应用程序的执行能力，适合于对海量数据的存储，但相对于其他数据库管理系统而言，DB2 数据库的操作比较复杂。

4) MongoDB 数据库

MongoDB 数据库是由 10gen 公司开发的一个介于关系型数据库和非关系型数据库之间的产品，是非关系型数据库当中功能最丰富、最像关系型数据库的数据库。它支持的数据结构非常松散，是类似 JSON 的 BSON 格式，因此可以存储比较复杂的数据类型。

MongoDB 最大的特点是它支持的查询语言非常强大，其语法有点类似于面向对象的查询语言，可以实现类似关系型数据库单表查询的绝大部分功能，而且还支持对数据建立索引。此外，它还是一个开源数据库，并且具有高性能、易部署、易使用、存储数据非常方便等特点。对于大数据量、高并发、弱事务的互联网应用，MongoDB 完全可以满足 Web 2.0 和移动互联网的数据存储需求。

5) MySQL 数据库

MySQL 数据库管理系统是由瑞典 MySQL AB 公司开发的，但是几经辗转，现在是 Oracle 公司的产品。它是以客户机 / 服务器模式实现的，是一个多用户、多线程的小型数据库服务器。MySQL 是开源数据库，任何人都可以获得该数据库的源代码并修正 MySQL 的缺陷。MySQL 具有跨平台的特性，它不仅可以在 Windows 平台上使用，还可以在 UNIX、Linux 和 MacOS 等平台上使用。相对其他数据库而言，MySQL 的使用更加方便、快捷，而且 MySQL 是免费的，运营成本低，因此，越来越多的公司开始使用 MySQL。

2. 使用 MySQL 的优势

如今很多主流网站都选择 MySQL 数据库来存储数据，如阿里巴巴的淘宝。那么，MySQL 到底有什么优势，吸引了这么多用户？这主要基于以下几个原因：

1) 开源

开源软件是互联网行业未来发展的趋势。MySQL 是开放源代码的数据库，这就使得任何人都可以获取 MySQL 的源代码，并修正 MySQL 的缺陷。此外，任何人都能以任何目的来使用该数据库，这是一款自由使用的软件。对于很多互联网公司来说，选择使用 MySQL 是一个化被动为主动的过程，无须再因为依赖封闭的数据库产品而受牵制。

2) 成本因素

MySQL 社区版是完全免费的，企业版提供的服务和技术支持是收费的。相比之下，

Oracle、DB2 和 SQL Server 价格不菲，再考虑到搭载的服务器和存储设备，那么成本差距是巨大的。

3) 跨平台性

MySQL 不仅提供 Windows 系列的版本，还提供 UNIX、Linux 和 MacOS 等操作系统对应的版本。因为很多网站都选择 UNIX、Linux 作为网站的服务器，所以 MySQL 具有跨平台的优势。

4) 容易使用

MySQL 是一个真正的多用户、多线程 SQL 数据库服务器，能够快速、高效、安全地处理大量的数据。MySQL 和 Oracle 的性能并没有太大的区别，在低硬件环境下，MySQL 分布式的方案同样可以解决问题，而且成本比较经济。无论从产品质量、成熟度，还是从性价比来看，MySQL 都是非常不错的。另外，MySQL 的管理和维护非常简单，初学者很容易上手，学习成本较低。

3. MySQL 常见版本

MySQL 从 MySQL 5.7 版本直接跳跃发布了 MySQL 8.0 版本，可见这是一个里程碑式的版本。MySQL 8.0 版本在功能上做了显著的改进与增强，如更快的速度、更强大的 JSON 处理能力、更好的性能和可扩展性、更高的安全性等，这些改善为用户带来了更好的性能和更出色的体验。

任务 1.4　tomcat 部署与验证

任务简介			
任务名称	tomcat 部署与验证	所属课程	移动互联系统运维技术
前序任务	JDK 环境搭建	课时规划	4 学时
实施方式	实际操作	考核方式	操作演示
考核点	tomcat 软件安装、tomcat 端口修改		
任务简介	使用 Linux 系统部署 tomcat，并修改默认端口，访问首页以验证安装成功		
设备环境	VMware 虚拟仿真软件		
教学方法	采用手把手的教学方法，通过操作训练引导学生掌握服务器设备部署的相关职业技能，同时通过讲解和演示的方式培养学生相关的职业素养		
实施人员信息			
姓　名		班　级		学　号		电　话	
隶属组		组　长		岗位分工		伙伴成员	

获取信息

引导问题 1：常用的 Web 服务器有哪些？

_____

_____

_____

_____

引导问题 2：我们是怎么浏览到网页的？为什么一天 24 小时都能进行浏览？

_____

_____

_____

_____

引导问题 3：Web 服务器可以提供什么服务？如何选择合适的 Web 服务器？

_____

_____

_____

_____

_____

小提示

Web 服务器一般指网站服务器，是指驻留于因特网上某种类型计算机的程序，可以处理浏览器等 Web 客户端的请求并返回相应的响应，也可以放置网站文件，让全世界的用户浏览，还可以放置数据文件，让全世界的用户下载。主流的 Web 服务器有 Apache、nginx、IIS、tomcat 等。

工作计划

1. 工作准备

为了便于完成本任务，首先进行 JDK 环境的搭建，并验证 JDK 可正常使用；其次需要查找资料，熟悉 tomcat 软件，了解 tomcat 软件的版本和安装流程，掌握 tomcat 软件的简单配置等。

2. 列出软件和工具清单

试写出本任务可能涉及的软件和工具，并将它们的版本和功能填入表 1-4-1 中。

表 1-4-1　软件 / 工具清单

软件 / 工具	版　本	功　能

进行决策

根据计算机环境和实操前的工作准备，决定软件版本和实操流程。

_____

_____

_____

_____

工作实施

1. 实施要求或注意事项

引导问题 1：要保证 tomcat 正确运行，需要先部署什么环境？

_____

_____

_____

_____

引导问题 2：tomcat 默认应用放在什么目录？如何修改默认应用目录？

_____

_____

_____

_____

_____

引导问题 3：tomcat 默认端口是什么？如何修改默认端口？

_____

_____

_____

_____

2. 实施步骤

为了完成本任务，可以参考以下的步骤进行操作。

步骤 1　下载 apache-tomcat-7.0.96.tar.gz。

将配套的 apache-tomcat-7.0.96.tar.gz 文件上传到 Linux 系统的 /root 目录中，如图 1-4-1 所示。

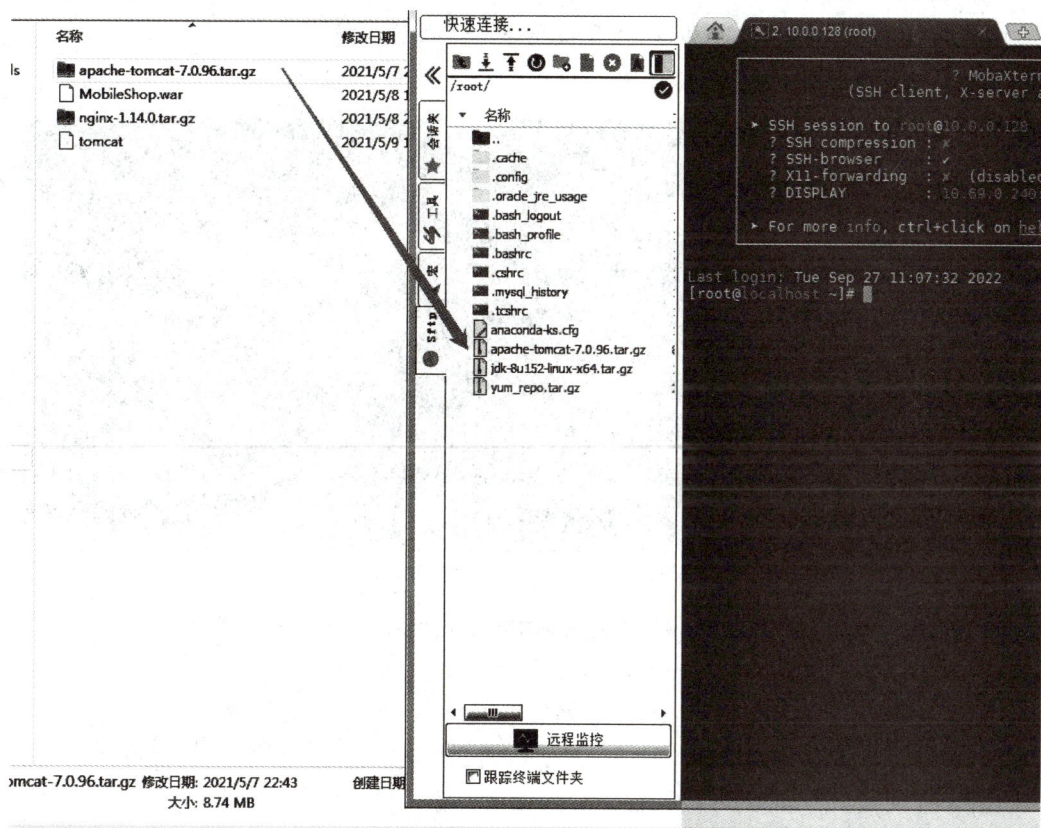

图 1-4-1　上传 tomcat 到 Linux 系统的 /root 目录

或者使用 wget 命令从网络中下载，相关代码如下：

```
cd /root
wget --no-check-certificate https://dlcdn.apache.org/tomcat/tomcat-8/v8.5.82/src/apache-tomcat-8.5.82-src.tar.gz
```

结果如图 1-4-2 所示。

图 1-4-2　从网络下载 tomcat 到 Linux 系统的 /root 目录

步骤 2　解压 tomcat。具体操作如下：

(1) 在 /usr/local 下创建 Java 文件夹。相关代码如下：

mkdir /usr/local/tomcat

(2) 解压 apache-tomcat-7.0.96.tar.gz 安装包到目录 /usr/local/tomcat。相关代码如下：

cd /root

tar -xvf apache-tomcat-7.0.96.tar.gz -C /usr/local/tomcat

结果如图 1-4-3 所示。

图 1-4-3　成功解压 tomcat

步骤 3　配置 tomcat。配置 tomcat 的环境变量和内存设置，具体操作如下：

(1) 编辑 catalina.sh。相关代码如下：

cd /usr/local/tomcat/apache-tomcat-7.0.96/bin/

vi catalina.sh

(2) 找到 cygwin=false，并在 cygwin=false 上方输入以下内容：

JAVA_OPTS="-Xms512m -Xmx1024m -Xss1024K -XX:PermSize=512m -XX:MaxPermSize=1024m"

export tomcat_HOME=/usr/local/tomcat/apache-tomcat-7.0.96

export CATALINA_HOME=/usr/local/tomcat/apache-tomcat-7.0.96

export CATALINA_BASE=/usr/local/tomcat/apache-tomcat-7.0.96

结果如图 1-4-4 所示。

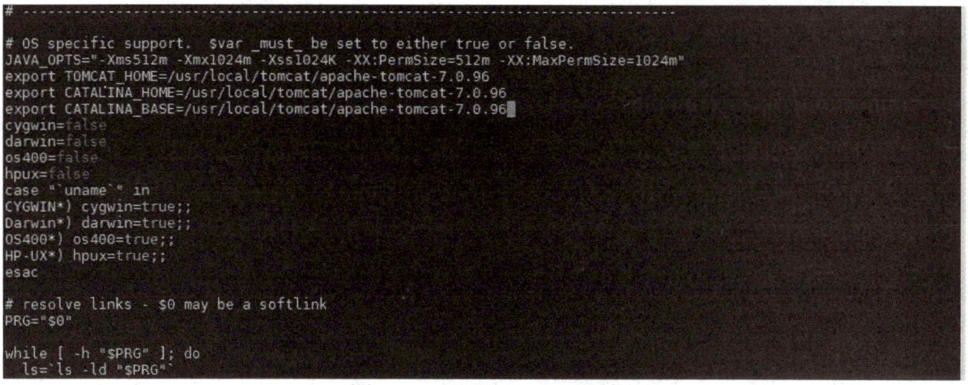

图 1-4-4　配置 tomcat 环境

步骤 4　查看和修改 tomcat 默认端口。具体操作如下：

(1) 编辑 catalina.sh。相关代码如下：

```
cd /usr/local/tomcat/apache-tomcat-7.0.96/conf/
vi server.xml
```

(2) 找到 8080，修改为自己想要的端口，但是不能与其他应用的端口冲突。修改结果如图 1-4-5 所示。

图 1-4-5　修改 tomcat 默认端口

步骤 5　验证 tomcat 安装成功。具体操作如下：

(1) 启动 tomcat。相关代码如下：

```
/usr/local/tomcat/apache-tomcat-7.0.96/bin/startup.sh
```

(2) 验证。在浏览器中输入 http://ip:8888/，若能正常显示，则表明安装成功。结果如图 1-4-6 所示。

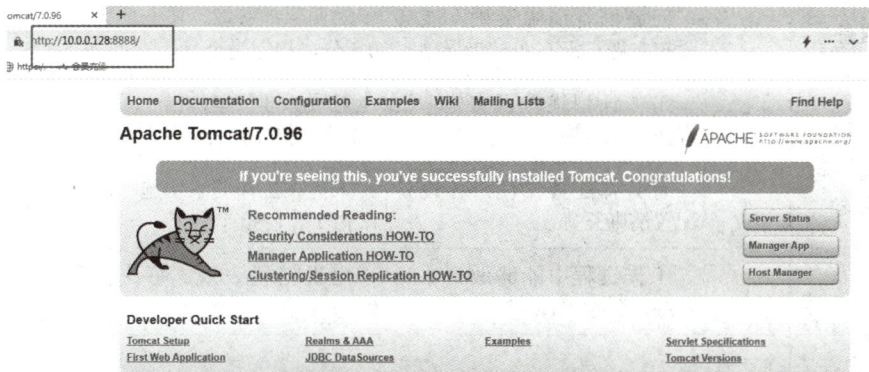

图 1-4-6　启动结果验证

❖ 小提示

conf 目录主要是用来存放 tomcat 的一些配置文件。这些配置文件有：

(1) server.xml：设置端口、设置域名或 IP、默认加载的项目、请求编码。

(2) web.xml：设置 tomcat 支持的文件类型。

(3) context.xml：用来配置数据源。

(4) tomcat-users.xml：用来配置管理 tomcat 的用户与权限。

在 tomcat 服务器中，可以通过修改 catalina 目录下的配置文件来设置默认加载的项目。

📺 评价反馈

1. 学生自评

评分项	分 值	作答要求	评审规定	得 分
获取信息	2	问题回答清晰准确，能够紧扣主题，没有明显错误项	对照标准答案，错一项扣 0.5 分，扣完为止	
工作计划	3	工作计划优秀可实施，没有任何细节错误	对照标准答案，错一项扣 0.5 分，扣完为止	
工作实施	4	有具体配置图例，各设备配置清晰正确	未能按工作要求实施，每次扣 1 分，扣完为止	
其他	1	工作过程中能够做到认真仔细，科学严谨	出现消极表现，每次扣 0.5 分，扣完为止	
综合评价及得分				

2. 学生互评

评分项	分 值	作答要求	评审规定	得 分
获取信息	2	问题回答清晰准确，能够紧扣主题，没有明显错误项	对照标准答案，错一项扣 0.5 分，扣完为止	
工作计划	3	工作计划优秀可实施，没有任何细节错误	对照标准答案，错一项扣 0.5 分，扣完为止	
工作实施	4	有具体配置图例，各设备配置清晰正确	未能按工作要求实施，每次扣 1 分，扣完为止	
其他	1	工作过程中能够做到认真仔细，科学严谨	出现消极表现，每次扣 0.5 分，扣完为止	
综合评价及得分				

3. 教师评价

评分项	分　值	作答要求	评审规定	得　分
任务准备	3	学生对任务目标清晰，能够做好充分的准备工作	对照准备工作项，未完成一项扣 0.5 分，扣完为止	
任务实施	4	有具体配置图例，各设备配置清晰正确	未能按工作要求实施，每次扣 1 分，扣完为止	
团队合作	2	学生能相互帮助，团结协作	组员之间产生分歧未能及时化解，每次扣 0.5 分，扣完为止	
其他	1	学生在工作过程中能够做到认真仔细，科学严谨	出现消极表现，每次扣 0.5 分，扣完为止	
综合评价及得分				

知识链接

1. tomcat 目录

(1) bin：存放启动和关闭 tomcat 的脚本文件，比较常用的是 catalina.sh、startup.sh、shutdown.sh 三个文件。

(2) conf：存放 tomcat 服务器的各种配置文件，比较常用的是 server.xml、context.xml、tomcat-users.xml、web.xml 四个文件。

(3) lib：存放 tomcat 服务器的 jar 包，一般不作任何改动，除非连接第三方服务 (如 redis)，那就需要添加相对应的 jar 包。

(4) logs：存放 tomcat 日志。

(5) temp：存放 tomcat 运行时产生的文件。

(6) webapps：存放项目资源的目录。

(7) work：tomcat 工作目录，一般在清除 tomcat 缓存时使用。

2. tomcat 优化参数

(1) maxThreads：tomcat 使用线程来处理接收的每个请求，这个值表示 tomcat 可创建的最大的线程数。其默认值是 200。

(2) minSpareThreads：最小空闲线程数，tomcat 启动时的初始化的线程数，表示即使没有人使用也开这么多空闲线程等待。其默认值是 10。

(3) maxSpareThreads：最大空闲线程数，一旦创建的线程超过这个值，tomcat 就会关闭不再需要的 socket 线程。其默认值是 -1(无限制)。一般不需要指定。

(4) URIEncoding：指定 tomcat 容器的 URL 编码格式，语言编码格式方面不如其他 Web 服务器软件配置方便，需要分别指定。

(5) connectionTimeout：网络连接超时，单位为 ms，设置为 0 表示永不超时，这样设置是有隐患的。通常默认 20 000 ms 即可。

（6）enableLookups：是否反查域名，以返回远程主机的主机名，取值为 true 或 false。如果设置为 false，则直接返回 IP 地址，为了提高处理能力，应设置为 false。

（7）disableUploadTimeout：上传时是否使用超时机制。应设置为 true。

（8）connectionUploadTimeout：上传超时时间，文件上传可能需要消耗更多的时间，可根据具体业务需要调整，以便有更长的时间来完成上传的操作，需要与上一个参数一起配合使用才会生效。

（9）acceptCount：定义了队列的最大长度。如果队列已满且无法接受更多的请求，则后续的请求将会被拒绝。其默认值是 100。

（10）compression：是否对响应的数据进行 GZIP 压缩，off 表示禁止压缩，on 表示允许压缩（文本将被压缩），force 表示所有情况下都进行压缩，默认值为 off。压缩数据可以有效地减少页面的大小（一般可以减小 1/3 左右），节省带宽。

（11）compressionMinSize：表示压缩响应的最小值，只有当响应报文大小大于这个值时才会对报文进行压缩，如果开启了压缩功能，则默认值就是 2048。

（12）compressableMimeType：压缩类型，指定对哪些类型的文件进行数据压缩。

（13）noCompressionUserAgents="gozilla, traviata"：对于以下的浏览器，不启用压缩。

3. Apache 服务器与 tomcat 服务器简介

Apache 与 tomcat 都是 Apache 开源组织开发的用于处理 HTTP 服务的项目，两者都是免费的，都可以作为独立的 Web 服务器运行。其区别如下：

1）Apache 服务器的特点

（1）Apache 是 C 语言实现的，专门用来提供 HTTP 服务。

（2）Apache 具有简单、速度快、性能稳定、可配置（代理）的特性，它是 Web 服务器。

（3）Apache 主要用于解析静态文本，并发性能高，侧重于 HTTP 服务。

（4）Apache 支持静态页（如 HTML），不支持动态请求（如 CGI、Servlet/JSP、PHP、ASP 等）。

（5）Apache 具有很强的可扩展性，可以通过插件支持 PHP，还可以通过反向代理的方式来实现 Apache 和 tomcat 的连通。

2）tomcat 服务器的特点

（1）tomcat 是 Java 开发的一个符合 Java EE 的 Servlet 规范的 JSP 服务器（Servlet 容器），是 Apache 的扩展。

（2）tomcat 是免费的 Java 应用服务器。

（3）tomcat 主要用于解析 JSP/Servlet，侧重于 Servlet 引擎。

（4）tomcat 支持静态页，但效率没有 Apache 高；tomcat 同时支持 Servlet、JSP 请求。

（5）tomcat 本身也内置了一个 HTTP 服务器用于支持静态内容，可以通过 tomcat 的配置管理工具实现与 Apache 整合。

通常把 Apache 服务器与 tomcat 服务器搭配在一起用，Apache 服务器负责处理所有静态的页面 / 图片等信息，tomcat 只处理动态的部分。

任务 1.5　Web 应用部署与验证

任 务 简 介			
任务名称	Web 应用部署与验证	所属课程	移动互联系统运维技术
前序任务	MySQL 安装和配置	课时规划	4 学时
实施方式	实际操作	考核方式	操作演示
考核点	应用部署与验证、数据库和数据表创建、应用配置文件修改		
任务简介	将自己开发的 Java Web 应用部署到 tomcat 中，修改相应的配置，实现应用的访问以及用户的登录、注册和修改功能。		
设备环境	VMware 虚拟仿真软件		
教学方法	采用手把手的教学方法，通过操作训练引导学生掌握服务器设备部署的相关职业技能，同时通过讲解和演示的方式培养学生相关的职业素养		
实施人员信息			
姓　名		班　级		学　号		电　话	
隶属组		组　长		岗位分工		伙伴成员	

获取信息

引导问题 1：一个应用开发好之后，要放到哪里才能让用户访问？

_____

_____

_____

_____

引导问题 2：Web 应用部署过程中可能遇到哪些常见的问题？

_____

_____

_____

_____

引导问题 3：运维人员在应用部署之后需要做什么？

_____

_____

_____

_____

小提示

Web 服务器也称为 WWW(World Wide Web) 服务器，其主要功能是提供网上信息浏览服务。WWW 是 Internet 的多媒体信息查询工具，也是发展最快且目前应用最广泛的服务。正是因为有了 WWW 工具，才使得近年来 Internet 迅速发展，用户数量飞速增长。

工作计划

1. 工作准备

为了便于完成本任务，首先要进行 tomcat 和 MySQL 的环境搭建，并验证 tomcat 和 MySQL 可正常使用；其次要查找资料，熟悉项目部署的相关流程和注意事项；最后要理解测试用例的作用，会编写简单的测试用例等。

2. 列出软件和工具清单

试写出本任务可能涉及的软件和工具，并将它们的版本和功能填入表 1-5-1 中。

表 1-5-1　软件 / 工具清单

软件 / 工具	版　本	功　能

进行决策

根据计算机环境和实操前的工作准备，决定软件版本和实操流程。

_____

_____

_____

_____

工作实施

1. 实施要求或注意事项

引导问题 1：navicat 导入数据的方法有哪些？

_____

_____

_____

引导问题 2：Web 应用要部署到什么地方？

_____

_____

_____

引导问题 3：如何验证应用部署已经完成？

_____

_____

_____

2. 实施步骤

为了完成本任务，可以参考以下的步骤进行操作。

步骤 1　上传 MobileShop.war。

使用工具将配套的 MobileShop.war 应用上传到 Linux 的 /root 目录下，如图 1-5-1 所示。

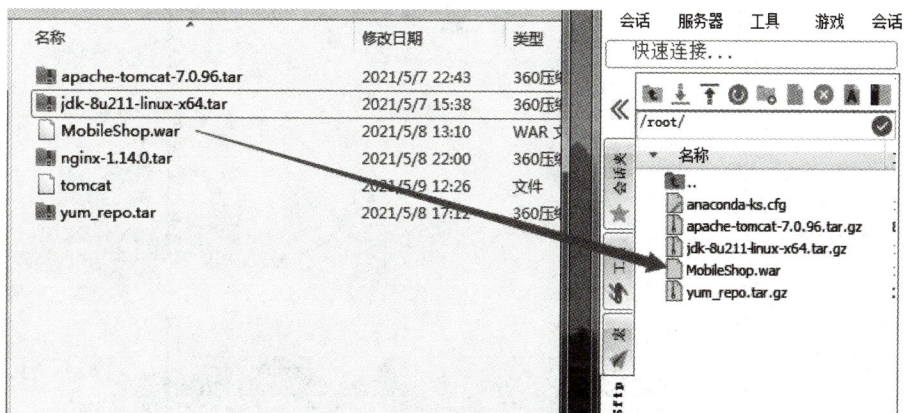

图 1-5-1　上传 MobileShop.war

步骤 2　部署 MobileShop.war。具体操作如下：

(1) 复制 MobileShop.war，然后部署到 tomcat 默认的应用目录中，相关代码如下：

```
cd /root
mv /root/MobileShop.war /usr/local/tomcat/apache-tomcat-7.0.96/webapps/
```

(2) 重启 tomcat，相关代码如下：

```
/usr/local/tomcat/apache-tomcat-7.0.96/bin/shutdown.sh
/usr/local/tomcat/apache-tomcat-7.0.96/bin/startup.sh
```

(3) 查看 webapps 下是否多了一个 MobileShop 目录，相关代码如下：

```
ll /usr/local/tomcat/apache-tomcat-7.0.96/webapps
```

结果如图 1-5-2 所示。

图 1-5-2　部署 MobileShop.war 到指定目录

步骤 3　建库建表。具体操作如下：

(1) 打开 navicat 软件，连接 MySQL，navicat 连接参数如图 1-5-3 所示。

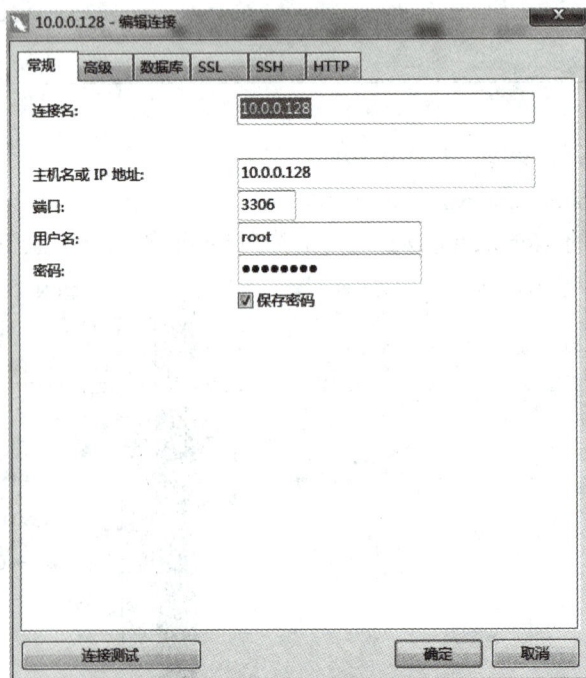

图 1-5-3　navicat 连接参数

（2）双击上个步骤中新建的连接"10.0.0.128"，再右击"10.0.0.128"，弹出"新建数据库"窗口，新建数据库参数设置如图 1-5-4 所示。

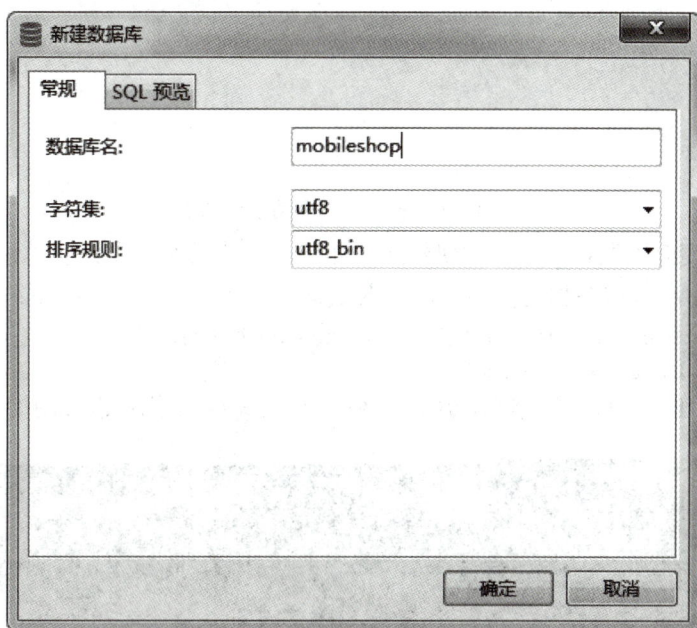

图 1-5-4　新建数据库参数

（3）双击新建的数据库"mobileshop"，右击"mobileshop"，弹出"运行 SQL 文件"窗口，选择配套的 create.sql 文件，如图 1-5-5 所示。

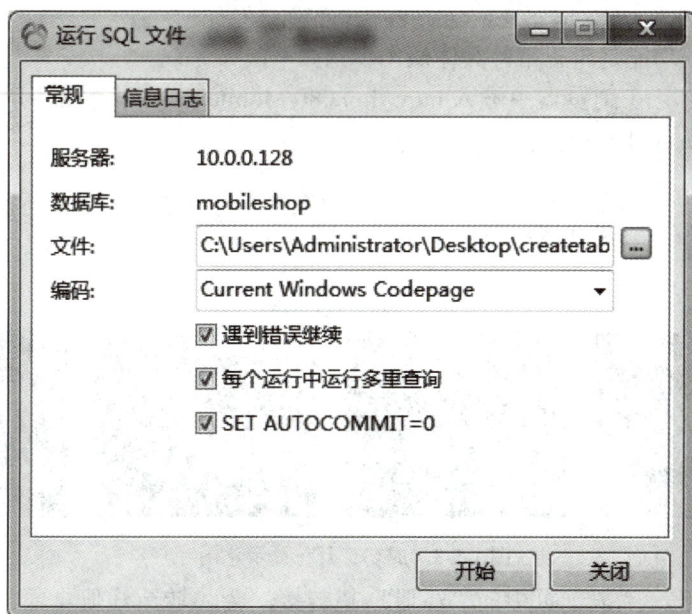

图 1-5-5　运行 create.sql 文件

执行完后可以看到如图 1-5-6 所示的表结构。

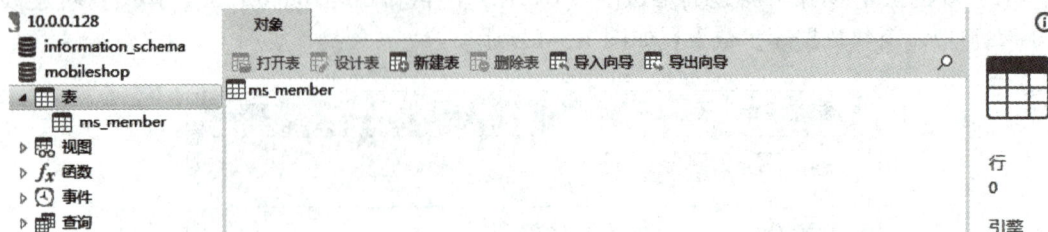

图 1-5-6　建库建表成功示意图

步骤 4　修改应用配置文件，实现数据库连接。具体操作步骤如下：

(1) 按自己主机或服务器的实际情况修改数据库参数。相关代码如下：

```
cd /usr/local/tomcat/apache-tomcat-7.0.96/webapps/MobileShop/
vi ./WEB-INF/classes/db.properties
```

修改其中的 IP、端口、数据库、用户名和密码，图 1-5-7 为修改应用配置文件界面。

```
driver=com.mysql.jdbc.Driver
url=jdbc:mysql://10.0.8.128:3306/mobileshop?useUnicode=true&characterEncoding=UTF-8
user=root
pwd=123456
```

图 1-5-7　修改应用配置文件界面

(2) 修改完成后重启 tomcat。相关代码如下：

```
/usr/local/tomcat/apache-tomcat-7.0.96/bin/shutdown.sh
/usr/local/tomcat/apache-tomcat-7.0.96/bin/startup.sh
```

步骤 5　验证功能是否正常。具体操作步骤如下：

(1) 验证首页。在浏览器中输入 http://ip:8080/MobileShop(其中 ip 为单点服务器 IP)，成功打开首页，如图 1-5-8 所示。

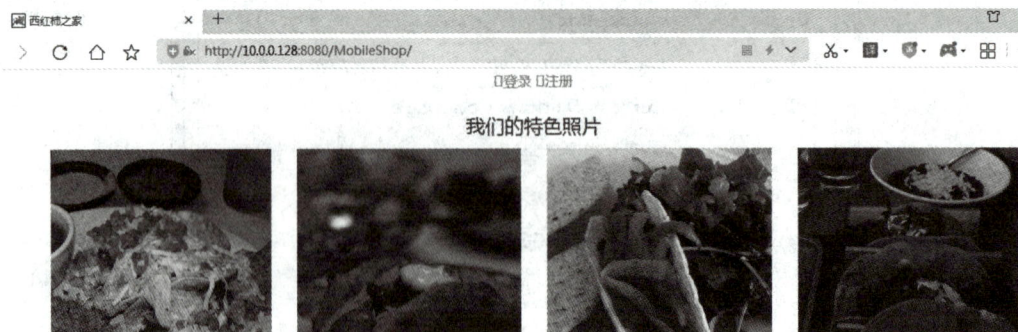

图 1-5-8　成功打开首页示意图

(2) 验证注册。单击首页中的"注册"超链接，会跳转至注册页面，在注册页面填写信息，单击"注册"按钮，确认注册功能是否正常。若正常，则表示注册成功，如图 1-5-9 所示。

□登录 □注册

我们的特色照片

图 1-5-9 注册成功示意图

（3）验证登录。输入刚注册的用户名和密码，单击"登录"按钮，登录成功，如图 1-5-10 所示。

http://10.0.0.128:8080/MobileShop/index.html

欢迎您,admin □修改密码 □退出

我们的特色照片

图 1-5-10 登录成功示意图

（4）验证修改。单击"修改密码"，输入原密码和新密码，单击"确定"按钮，修改密码成功，如图 1-5-11 所示。

10.0.0.128:8080 显示

修改密码成功

确定

图 1-5-11 修改密码成功示意图

评价反馈

1. 学生自评

评分项	分　值	作答要求	评审规定	得　分
获取信息	2	问题回答清晰准确，能够紧扣主题，没有明显错误项	对照标准答案，错一项扣0.5分，扣完为止	
工作计划	3	工作计划优秀可实施，没有任何细节错误	对照标准答案，错一项扣0.5分，扣完为止	
工作实施	4	有具体配置图例，各设备配置清晰正确	未能按工作要求实施，每次扣1分，扣完为止	
其他	1	工作过程中能够做到认真仔细，科学严谨	出现消极表现，每次扣0.5分，扣完为止	
综合评价及得分				

2. 学生互评

评分项	分　值	作答要求	评审规定	得　分
获取信息	2	问题回答清晰准确，能够紧扣主题，没有明显错误项	对照标准答案，错一项扣0.5分，扣完为止	
工作计划	3	工作计划优秀可实施，没有任何细节错误	对照标准答案，错一项扣0.5分，扣完为止	
工作实施	4	有具体配置图例，各设备配置清晰正确	未能按工作要求实施，每次扣1分，扣完为止	
其他	1	工作过程中能够做到认真仔细，科学严谨	出现消极表现，每次扣0.5分，扣完为止	
综合评价及得分				

3. 教师评价

评分项	分　值	作答要求	评审规定	得　分
任务准备	3	学生对任务目标清晰，能够做好充分的准备工作	对照准备工作项，未完成一项扣0.5分，扣完为止	
任务实施	4	有具体配置图例，各设备配置清晰正确	未能按工作要求实施，每次扣1分，扣完为止	
团队合作	2	学生能相互帮助，团结协作	组员之间产生分歧未能及时化解，每次扣0.5分，扣完为止	
其他	1	学生在工作过程中能够做到认真仔细，科学严谨	出现消极表现，每次扣0.5分，扣完为止	
综合评价及得分				

知识链接

这里介绍 navicat 导入数据的方式。

navicat 导入数据比较常见的方式有 excel、csv、text 和 SQL 脚本。

1) excel、csv、text 方式

excel、csv、text 直接在需要导入的库或者表上单击右键，就有导入选项，根据不同的设置来配置即可。

例如，Excel 导入时，每个 Sheet 页视为数据库的一个表，可以导入原数据库对应的某个表中，也可以新建，还可以设置某行作为列标签 (即字段名)，从哪行开始是数据，到哪行截止等。

注意：导入表时注意 Sheet 页名称或者列名不要有空格，否则会导入不成功。

2) SQL 脚本方式

直接在库上单击右键运行 SQL 语句即可，一般导出的 SQL 格式数据文件里面都含有建表语句，如果数据库存在此表，就需要将其改名后再执行，否则两个表会冲突。或者将 SQL 中建表语句删除后再执行。为保证数据结构一致、不出问题，最好使用前者。

项目 2　高可用集群服务器部署

项 目 简 介			
任务名称	高可用集群服务器部署	所属课程	移动互联系统运维技术
前序任务	单服务器部署	课时规划	20 学时
实施方式	实际操作	考核方式	操作演示
考核点	Web 应用服务器集群搭建、高可用数据库集群搭建、高可用负载均衡集群搭建、压力测试、功能测试		
任务简介	使用六台服务器进行高可用集群服务器部署，其中两台为 Web 服务器 "Web 服务器 1""Web 服务器 2"，两台为高可用负载均衡集群 "负载均衡主机""负载均衡备机"，两台为高可用数据库集群 "主数据库""备数据库"，搭建完成后要进行功能的全面测试以及压力测试		
设备环境	VMware 虚拟仿真软件		
教学方法	采用手把手的教学方法，通过操作训练引导学生掌握服务器设备部署的相关职业技能，同时通过讲解和演示的方式培养学生相关的职业素养		
实施人员信息			
姓　名	班　级	学　号	电　话
隶属组	组　长	岗位分工	伙伴成员

学习情境描述

　　经过前期加班加点的忙碌，我们的网站顺利上线了！与此同时，年中促销活动也如约而至，虽然公司对这次活动进行了多方面的准备和"布防"，可是意外还是发生了。就在促销优惠购物活动的当天，猛然增加的用户访问量直接导致浏览器购物车提交页面显示"Server is too busy"，如此巨大的访问量是我们没有预计到的，服务器繁忙导致许多用户的订单提交不成功，公司客服部的电话响个不停，运维部门的压力陡增。

　　为解决此类问题，公司会议决定重新设计构建电商系统集群，先测试稳定后再将现有系统迁移过来。

学习目标

1. 知识目标

(1) 了解集群的作用。

(2) 了解集群的分类。

(3) 理解负载均衡、高可用、数据同步等概念。

2. 能力目标

(1) 掌握负载均衡集群、高性能集群和高可用集群的搭建和配置。

(2) 掌握集群框架的图示，能看懂集群框架。

(3) 能够独立进行错误定位和运维排错。

3. 素质目标

(1) 培养良好的编程习惯和职业素养，以及负责的工作态度。

(2) 培养敢于质疑，不懂就问的良好素养。

(3) 开阔视野，承担新一代信息化建设的责任。

(4) 培养艰苦朴素的品质，遇到问题迎难而上。

任务书

1. 任务描述

使用六台服务器进行高可用集群服务器部署，其中两台为 Web 服务器 "Web 服务器 1" "Web 服务器 2"，两台为高可用负载均衡集群 "负载均衡主机" "负载均衡备机"，两台为高可用数据库集群 "主数据库" "备数据库"，搭建完成后要进行功能的全面测试以及压力测试。

2. 任务要求

(1) 正确设置 Linux 环境，并能使用连接工具连接。

(2) 正确设置 JDK 环境、创建 Web 服务器集群。

(3) 正确部署 ngix，实现高可用负载均衡集群。

(4) 正确部署 MySQL，实现高可用数据库集群。

(5) 正确部署 Web 应用，验证高可用集群服务器功能正常。

(6) 正确使用 Jmeter 进行压力测试。

最终要达到如图 2-1-1 所示的集群架构。

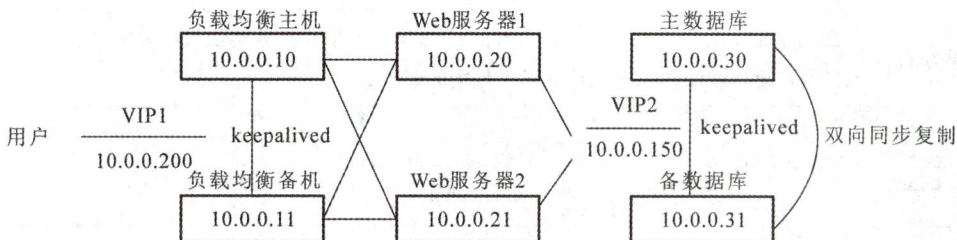

图 2-0-1　集群架构简图

任务分组

按照以上的任务描述和任务要求，学生自由进行分组，分别完成不同的任务。比如队员 1 进行理论知识收集，队员 2 进行操作，队员 3 对完成结果进行检查复核，将分组情况填入表 2-0-1 中。

表 2-0-1　学生任务分配表

班　级		组　号		指导老师	
组　长		学　号			
组　员	姓　名	学　号	姓　名		学　号
任务分工					

任务 2.1　集群环境搭建

任 务 简 介			
任务名称	集群环境搭建	所属课程	移动互联系统运维技术
前序任务	无	课时规划	4 学时
实施方式	实际操作	考核方式	操作演示
考核点	Linux 网络配置、模板机安装、VMware 克隆功能使用、本地 yum 源搭建		
任务简介	安装指定版本的 Linux 操作系统，能正确进行网络配置，按规划 IP 修改主机 IP，搭建本地 yum 源		
设备环境	CentOS 7.4 系统		
教学方法	采用手把手的教学方法，通过操作训练引导学生掌握服务器设备部署的相关职业技能，同时通过讲解和演示的方式培养学生相关的职业素养		
实 施 人 员 信 息			
姓　名	班　级	学　号	电　话
隶属组	组　长	岗位分工	伙伴成员

获取信息

引导问题 1：为什么要使用集群？

引导问题 2：集群有哪些分类？

引导问题 3：如何选择开源集群软件产品？

引导问题 4：实验中的服务器要进行哪些配置？

小提示

在实验中，服务器需要进行以下配置：

(1) 操作系统配置：选择合适的操作系统，如 Linux、Windows Server 等，并进行安装和配置。

(2) 硬件配置：选择满足实验需求的服务器硬件，包括处理器、内存、硬盘等，并进行硬件安装和连接。

(3) 网络配置：配置服务器的网络设置，包括 IP 地址、子网掩码、网关等。

(4) 安全配置：设置防火墙规则、访问控制列表等，确保服务器的安全性。

(5) 软件配置：安装和配置所需的软件，如 Web 服务器、数据库服务器等。

(6) 数据备份配置：设置定期备份服务器数据的策略，以防止数据丢失。

(7) 监控配置：配置服务器的监控系统，以便实时监测服务器的运行状态和性能。

(8) 日志配置：设置服务器的日志记录，以便跟踪和分析服务器的运行情况。

(9) 负载均衡配置：如果需要处理大量请求，可以配置负载均衡器，以平衡服务器的负载。

(10) 高可用性配置：配置服务器的高可用性，如设置冗余服务器、故障转移等，以确保服务的连续性。

这些配置可以根据实验的具体需求进行调整和扩展。

工作计划

1. 工作准备

为了便于完成本任务，首先需要查找资料，了解集群的分类、作用等信息；其次下载配套的资料；最后要理解本项目的架构图，能自己画出来。

2. 列出软件和工具清单

试写出本任务可能涉及的软件和工具，并将它们的版本和功能填入表 2-1-1 中。

表 2-1-1　软件 / 工具清单

软件 / 工具	版　本	功　能

进行决策

根据计算机环境和实操前的工作准备，决定软件版本和实操流程。

_____

_____

工作实施

1. 实施要求或注意事项

引导问题 1：使用 VMware 进行克隆，有哪些方式？它们各有什么优缺点？

_____

_____

引导问题 2：常用的 Linux 系统有哪些？为什么要用 CentOS 系统作为学习的首选？

_____

_____

引导问题 3：实验中为什么要关闭防火墙和 SELinux？

_____

_____

引导问题 4：集群的 IP 规划有什么规律？

_____

_____

2. 实施步骤

为了完成本任务，可以参考以下的步骤进行操作。

步骤 1　规划 IP。

本项目所涉及的多台主机 IP 规划如表 2-1-2 所示。

表 2-1-2　IP 规 划 表

IP 地址	对应主机	主机说明
10.0.0.10	nginx_Master	负载均衡主机
10.0.0.11	nginx_Slave	负载均衡备机
10.0.0.20	cluster_tomcat1	Web 服务器 1
10.0.0.21	cluster_tomcat2	Web 服务器 2
10.0.0.30	mysql_Master	主数据库
10.0.0.31	mysql_Slave	备数据库
10.0.0.200	nginx_VIP	虚拟 IP，外网通过这个 IP 访问网站
10.0.0.150	mysql_VIP	虚拟 IP，外网通过这个 IP 连接数据库

步骤 2　用 VMware 创建 Linux 系统，相关操作如下：

(1) 打开 VMware，单击"文件"→"新建虚拟机"→"典型"→"下一步"→"稍后安装操作系统"→"下一步"→"Linux (CentOS 7 64 位)"→"下一步"，操作系统选择如图 2-1-1 所示。

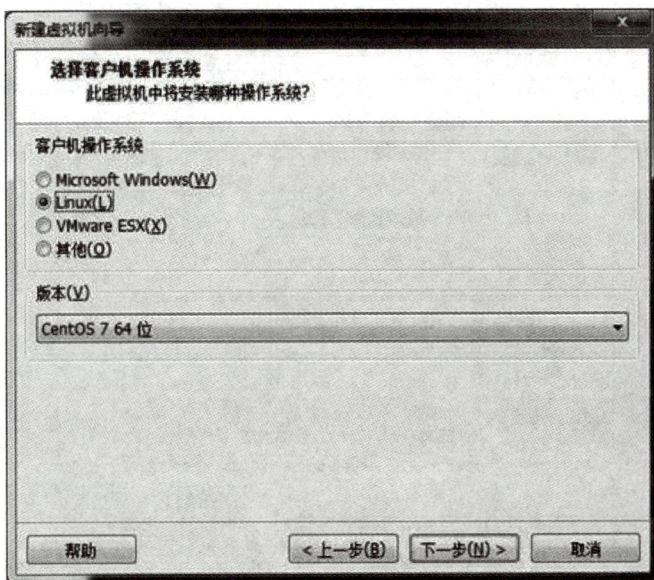

图 2-1-1　操作系统选择

(2) 填写一个容易识别的名字，如集群模板机，位置放到一个大一点的磁盘分区，然后单击"下一步"按钮，位置选择如图 2-1-2 所示。

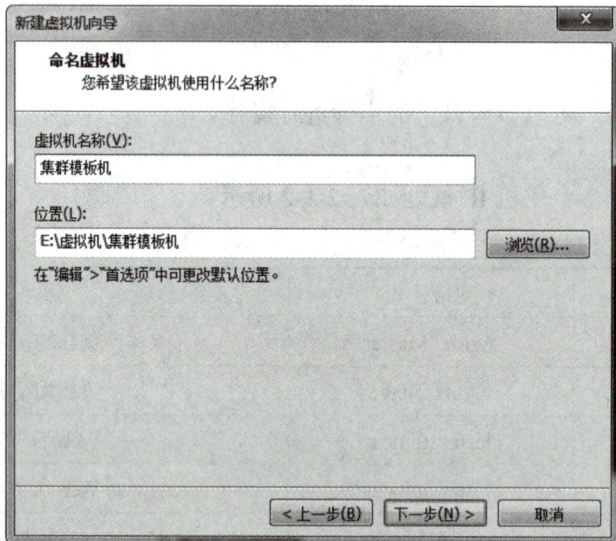

图 2-1-2　位置选择

(3) 硬盘填 100 GB(实际并不会真的占用这么大)，然后单击"下一步"按钮，选择"自定义硬件"，选中"新 (CD/DVD)(IDE)"→"使用 ISO 映像文件"，单击"浏览"按钮，CentOS-7-x86_64-DVD-1708 镜像选择如图 2-1-3 所示。

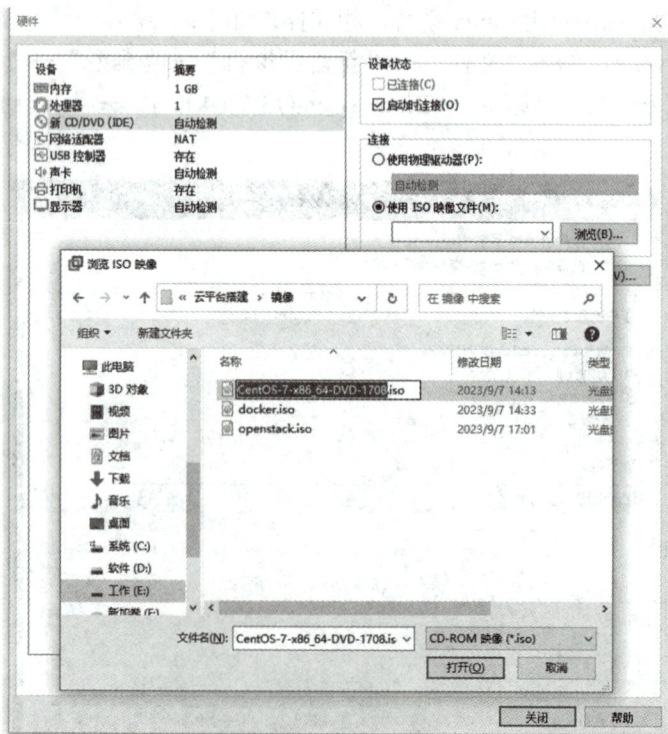

图 2-1-3　镜像选择

步骤 3　安装 Linux 系统，相关操作如下：

(1) 软件选择。单击刚创建的"单点服务器"→"开启此虚拟机"(等待虚拟机开机，开机后使用上下键选择"Install CentOS 7"，然后按"回车键"确认，等待安装程序加载完成，然后进入语言选择界面。)→"中文"→"继续"→"软件选择"→"基础设施服务器"→"完成"，如图 2-1-4 所示。

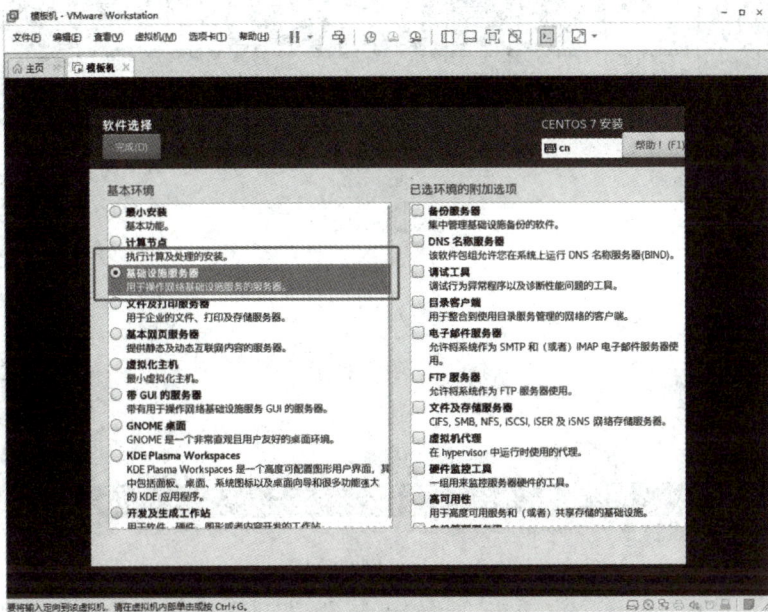

图 2-1-4　选择基础设施服务器

(2) 安装位置选择。单击"安装位置"→"本地标准磁盘"→"完成"，如图 2-1-5 所示。

图 2-1-5　安装位置选择

（3）网络选择。单击"网络连接"→"以太网 (ens33)"→"打开"→"完成"，如图 2-1-6 所示。

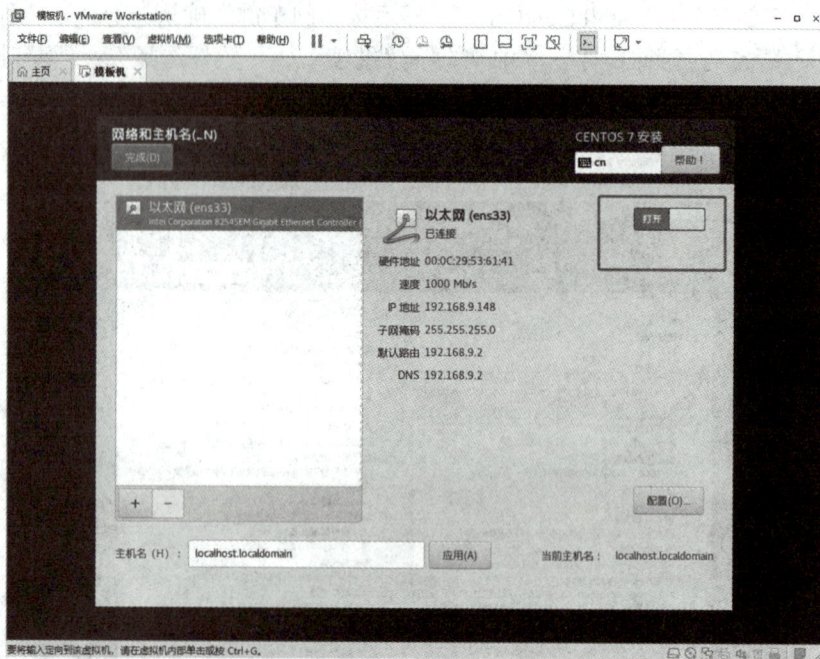

图 2-1-6　网络选择

（4）安装并设置 root 密码。单击"开始安装"，即进入安装阶段，单击"设置密码"，为 root 用户设置一个简单的密码即可，如 123456，单击"完成"按钮，如图 2-1-7 所示。

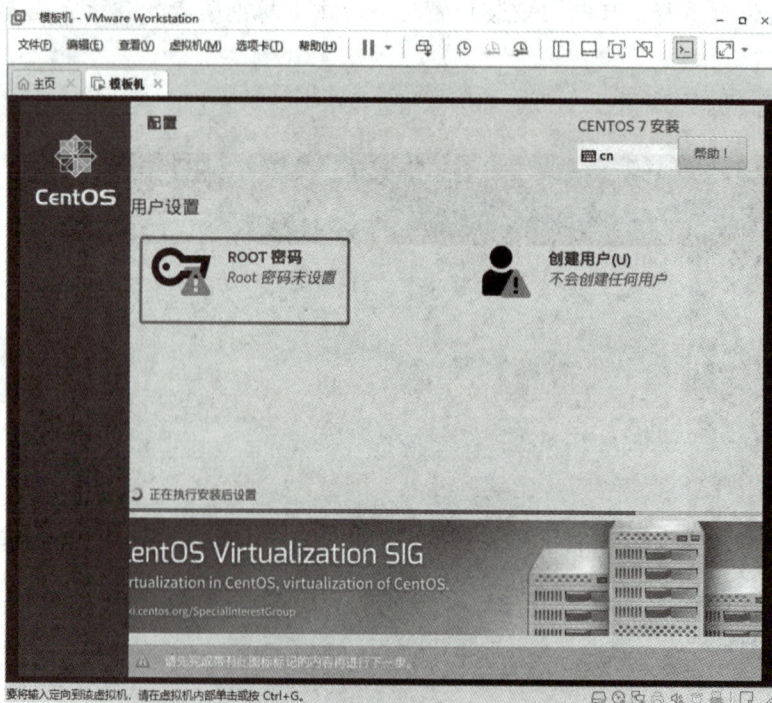

图 2-1-7　设置 root 密码

等待安装完成，单击"重启"按钮，即可完成 Linux 系统安装，如图 2-1-8 所示。

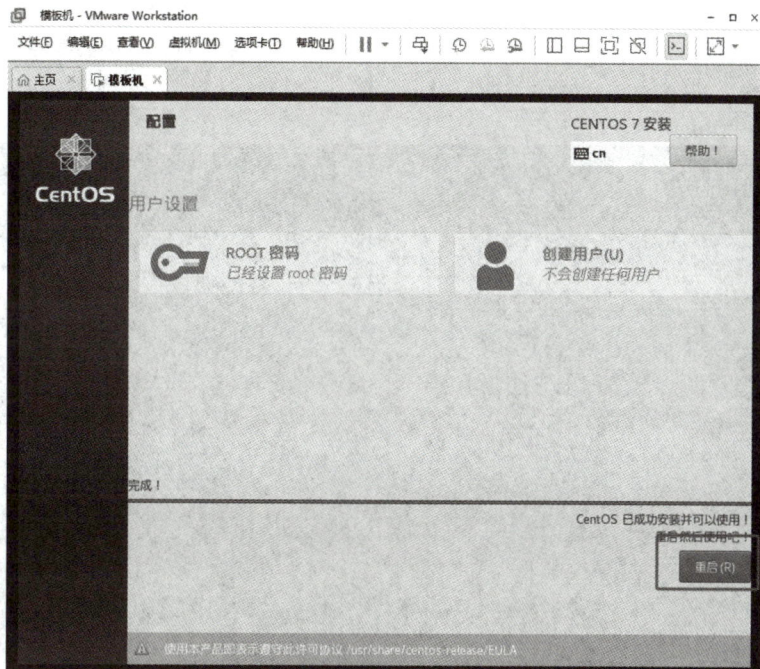

图 2-1-8 Linux 操作系统安装完成

步骤 4 使用 MobaXterm 工具连接到 Linux 系统，相关操作如下：

(1) 等待 Linux 重启完成后，单击黑色界面，使用用户名 (root) 和密码 (123456) 登录，如图 2-1-9 所示。

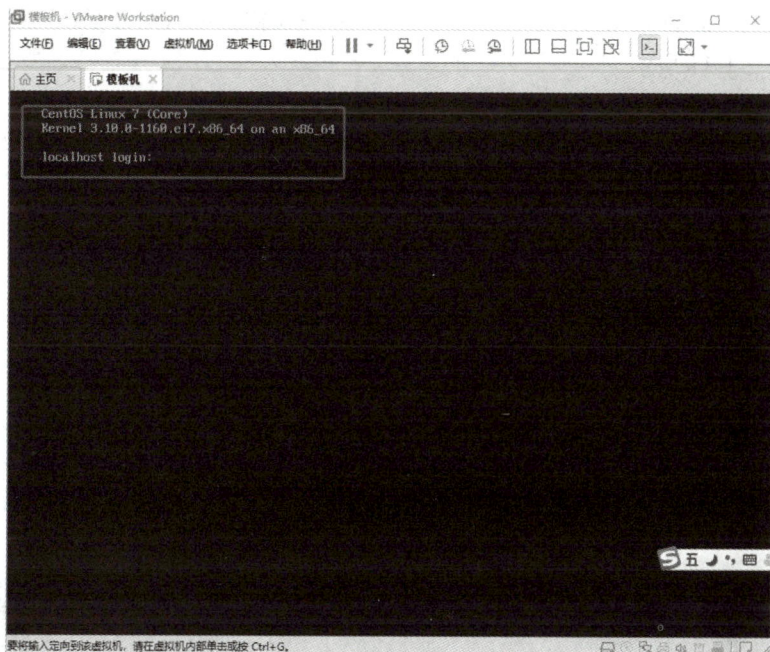

图 2-1-9 登录 Linux 系统

（2）使用命令 ip a 查看当前服务器 IP，此 IP 用于把 MobaXterm 工具连接到服务器，如图 2-1-10 所示。

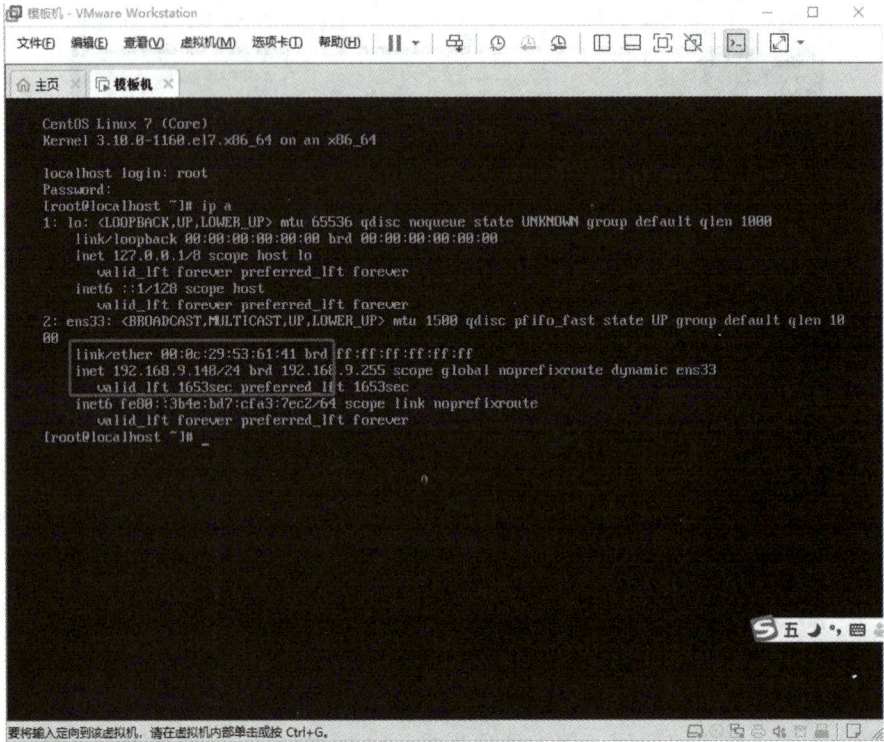

图 2-1-10　查看 IP 地址

（3）打开 MobaXterm 软件，选择"会话"→"SSH"，填入 IP 地址和用户名，单击"好的"，如图 2-1-11 所示。

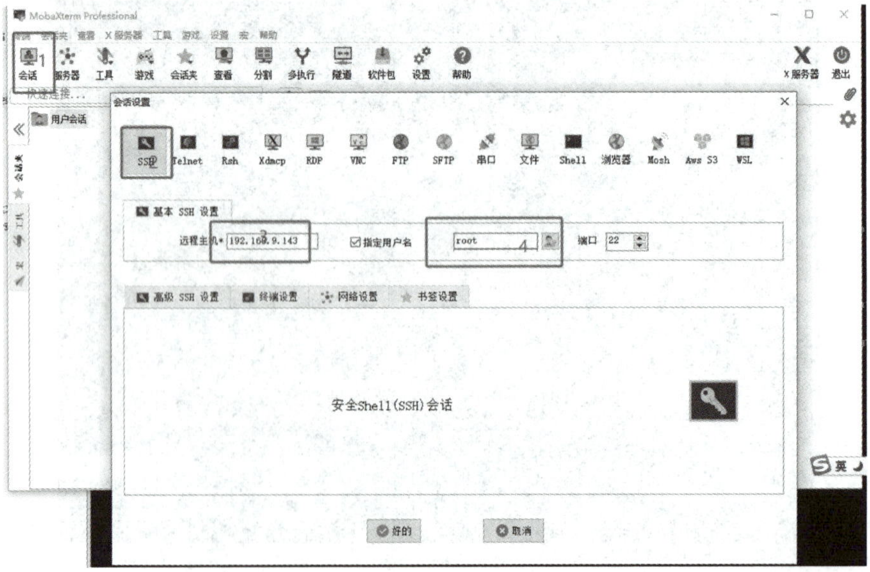

图 2-1-11　MobaXterm 连接设置

(4) 在弹出的窗口中输入密码 123456，如图 2-1-12 所示。

图 2-1-12　MobaXterm 输入密码

(5) 如果有弹窗询问是否要保存密码，可以选"是"或"否"。MobaXterm 连接成功，如图 2-1-13 所示。

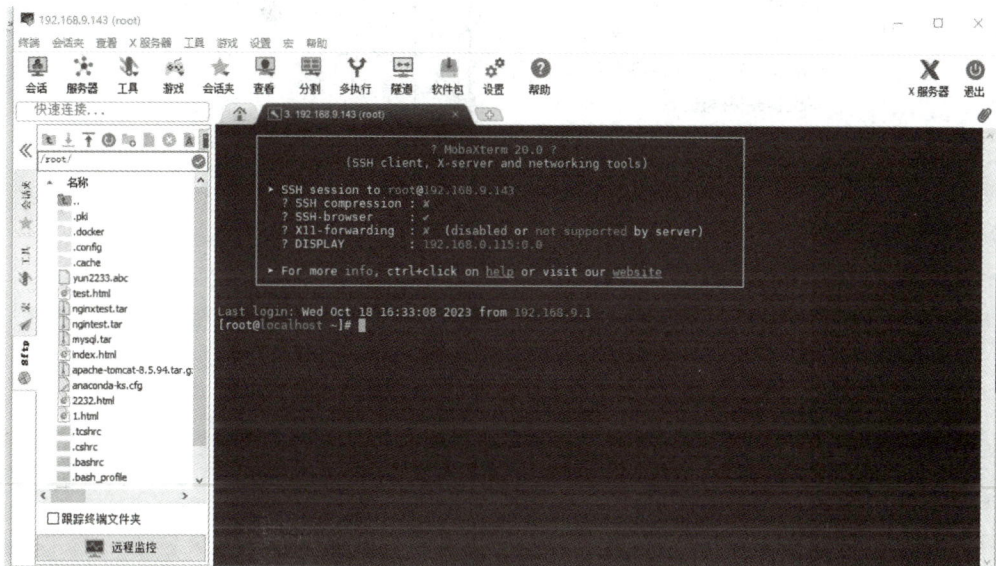

图 2-1-13　MobaXterm 连接成功

步骤 5　配置模板机。具体操作如下：

(1) 关闭防火墙。相关代码如下：

```
systemctl stop firewalld.service
systemctl disable firewalld.service
```

(2) 关闭 SELinux。相关代码如下：

```
sed -i 's/SELinux=enforcing/SELinux=disabled/g' /etc/seLinux/config
setenforce 0
```

(3) 设置固定 IP。相关代码如下：

```
rm /etc/sysconfig/network-scripts/ifcfg-en*          # 删除旧的网络
echo 'TYPE=Ethernet
BOOTPROTO=none
NAME=eth0
DEVICE=eth0
ONBOOT=yes
```

```
IPADDR=10.0.0.11
NETMASK=255.255.255.0
GATEWAY=10.0.0.2
DNS1=223.5.5.5' >>/etc/sysconfig/network-scripts/ifcfg-eth0          # 创建新的网络
sed -i 's/root rd.lvm.lv/root net.ifnames=0 biosdevname=0 rd.lvm.lv/g' /etc/default/grub
grub2-mkconfig -o /boot/grub2/grub.cfg                               # 修改系统获取 IP 配置
```

(4) 设置本地源。相关操作如下：

① 将配套的 soft 文件夹上传到 Linux 系统 /home 目录。如图 2-1-14 所示。

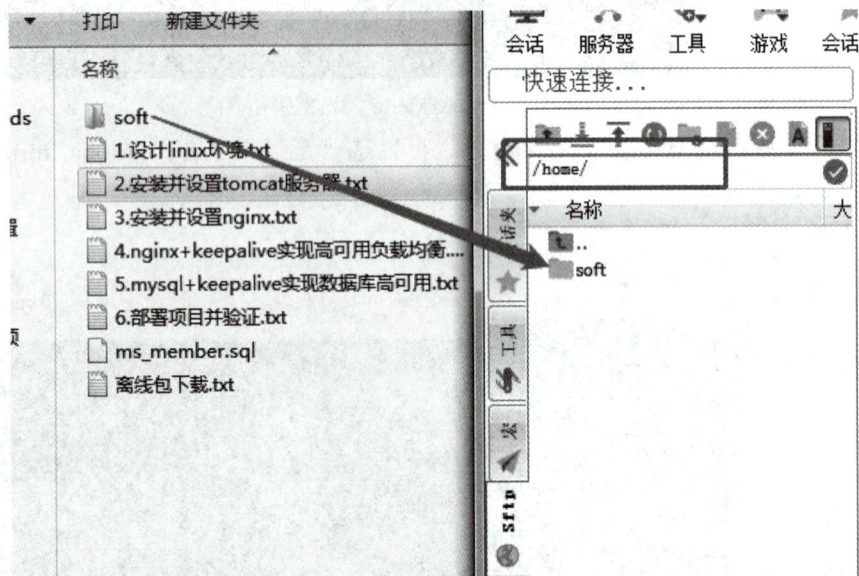

图 2-1-14　上传 soft 文件夹到 Linux 系统 /home 目录

② 解压 yum_repo.tar.gz 到 /yum 目录。代码如下：

```
mkdir /yum
tar zxvf /home/soft/yum_repo.tar.gz -C /yum
```

③ 使用自定义 yum，创建 yum 客户端配置文件。代码如下：

```
cp -r /etc/yum.repos.d/ /etc/yum.repos.d.backup/          # 备份
rm -rf /etc/yum.repos.d/*                                 # 删除多余的源
vi /etc/yum.repos.d/local-repo.repo                       # 创建本地源
```

④ 输入以下内容：

```
[local-repo]
name = local repo for test
baseurl = file:///yum/repo/
enabled = 1
gpgcheck =0
```

⑤ 显示仓库列表。代码如下：

```
yum repolist
```

⑥ 测试 yum 源是否可用。代码如下：

```
yum clean all
yum makecache
```

本地 yum 源创建成功，如图 2-1-15 所示。

图 2-1-15　本地 yum 源创建成功

（5）克隆主机。相关操作如下：

① 关机。代码如下：

```
poweroff
```

② 在 VMware 中选中"模板机"并右击，然后单击"管理"，再单击"克隆"，如图 2-1-16 所示。

③ 单击"下一步"，在需要填写名称的地方，填写一个容易识别的名称，如图 2-1-17 所示，单击"完成"，即可完成复制。

（6）修改 IP。相关操作如下：

① 开机并登录。

② 编辑 ifcfg-eth0 文件。代码如下：

```
vi /etc/sysconfig/network-scripts/ifcfg-eth0
```

然后根据规划的 IP 进行修改即可，如图 2-1-18 所示。

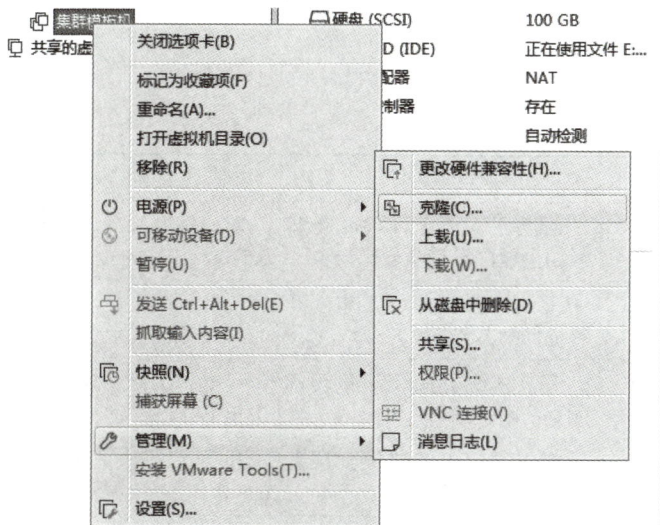

图 2-1-16　VMware 中克隆主机

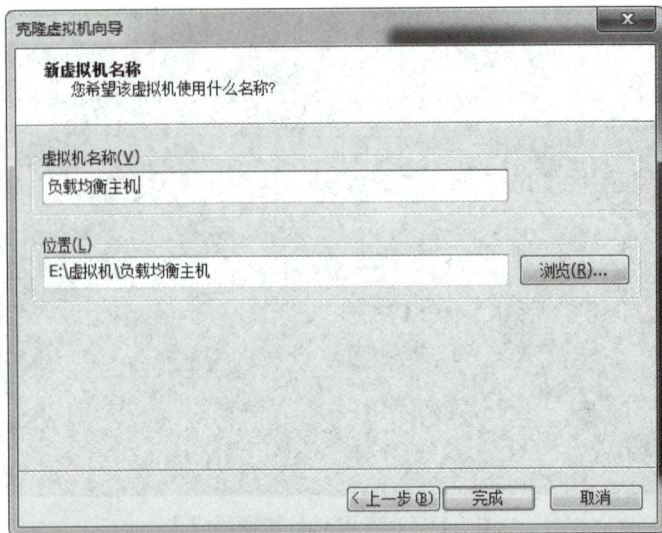

图 2-1-17   给克隆的主机命名

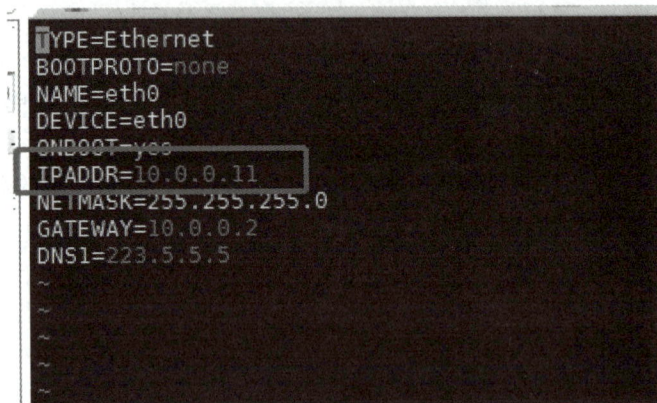

图 2-1-18   给克隆的主机修改 IP

评价反馈

1. 学生自评

评分项	分 值	作答要求	评审规定	得 分
获取信息	2	问题回答清晰准确，能够紧扣主题，没有明显错误项	对照标准答案，错一项扣0.5 分，扣完为止	
工作计划	3	工作计划优秀可实施，没有任何细节错误	对照标准答案，错一项扣0.5 分，扣完为止	
工作实施	4	有具体配置图例，各设备配置清晰正确	未能按工作要求实施，每次扣 1 分，扣完为止	
其他	1	工作过程中能够做到认真仔细，科学严谨	出现消极表现，每次扣0.5 分，扣完为止	
综合评价及得分				

2. 学生互评

评分项	分值	作答要求	评审规定	得分
获取信息	2	问题回答清晰准确，能够紧扣主题，没有明显错误项	对照标准答案，错一项扣0.5分，扣完为止	
工作计划	3	工作计划优秀可实施，没有任何细节错误	对照标准答案，错一项扣0.5分，扣完为止	
工作实施	4	有具体配置图例，各设备配置清晰正确	未能按工作要求实施，每次扣1分，扣完为止	
其他	1	工作过程中能够做到认真仔细，科学严谨	出现消极表现，每次扣0.5分，扣完为止	
综合评价及得分				

3. 教师评价

评分项	分值	作答要求	评审规定	得分
任务准备	3	学生对任务目标清晰，能够做好充分的准备工作	对照准备工作项，未完成一项扣0.5分，扣完为止	
任务实施	4	有具体配置图例，各设备配置清晰正确	未能按工作要求实施，每次扣1分，扣完为止	
团队合作	2	学生能相互帮助，团结协作	组员之间产生分歧未能及时化解，每次扣0.5分，扣完为止	
其他	1	学生在工作过程中能够做到认真仔细，科学严谨	出现消极表现，每次扣0.5分，扣完为止	
综合评价及得分				

知识链接

1. 集群的概念

简单地说，集群就是指一组（若干个）相互独立的计算机，利用高速通信网络组成的一个较大的计算机服务系统，每个集群节点（即集群中的每台计算机）都是运行各自服务的独立服务器。这些服务器之间可以彼此通信，协同向用户提供应用程序、系统资源和数据，并以单一系统的模式加以管理。当用户请求集群系统时，集群给用户的感觉就是一个单一独立的服务器，而实际上用户请求的是一组集群服务器。

如打开谷歌、百度的页面，看起来很简单，也许你觉得用几分钟就可以制作出相似的网页，而实际上，这个页面的背后是由成千上万台服务器集群协同工作的结果。

若要用一句话描述集群，即一堆服务器合作做同一件事，这些机器可能需要统一协调管理，可以分布在一个机房，也可以分布在全国甚至全球各个地区的多个机房。

2. 集群的特点

1）高性能

一些重要的计算密集型应用（如天气预报、物理模拟等），需要计算机有很强的运算处理能力。以全世界现有的技术，即使是大型机器，其计算能力也是有限的，很难单独完成此任务，因为计算时间可能会相当长，也许几天，也许几年或更久。对于这类复杂的计算业务，便可使用计算机集群技术，集中几十、上百台甚至成千上万台计算机进行计算。图 2-1-19 为计算机集群示意图。

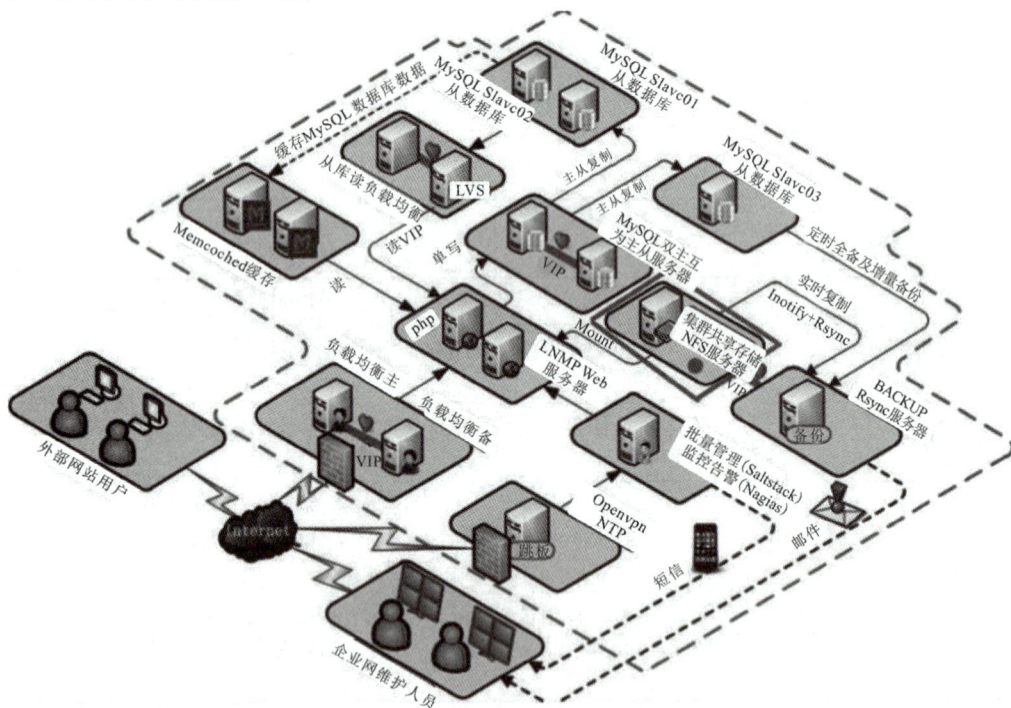

图 2-1-19　计算机集群示意图

假如要配置一个 LNMP 环境，每次只需要服务 10 个并发请求，那么单台服务器一定会比多个服务器集群要快。只有当并发或总请求数量超过单台服务器的承受能力时，服务器集群才会体现出优势。

2）价格有效性

通常一套系统集群架构，只需要几台或数十台服务器主机即可，与动辄价值上百万元的专用超级计算机相比便宜了很多。在达到同样性能需求的条件下，采用计算机集群架构比采用同等运算能力的大型计算机具有更高的性价比。

早期的淘宝、支付宝的数据库等核心系统就是使用上百万元的小型机服务器。后因使用维护成本太高以及扩展设备费用呈几何级数增长，甚至成为扩展瓶颈，加之人员维护也十分困难，最终使用 PC 服务器集群替换之。比如，把数据库系统从小型机结合 Oracle 数据库迁移到 MySQL 开源数据库结合 PC 服务器上来，不但成本下降了，扩展和维护也更容易了。

3）可伸缩性

可伸缩性是指当服务负载压力增大时，针对集群系统进行较简单的扩展即可满足需求，且不会降低服务质量。

通常情况下，若想扩展硬件设备的性能，就不得不增加新的 CPU 和存储器设备，如果加不上去了，就不得不购买更高性能的服务器。我们现在使用的服务器，可以增加的设备总是有限的。如果采用集群技术，则只需要将新的单个服务器加入现有集群架构中即可，从访问客户的角度来看，系统服务无论是连续性还是性能都几乎没有变化，系统在不知不觉中完成了升级，加大了访问能力，轻松实现了扩展。集群系统中的节点数目可以增长到几千乃至上万个，其伸缩性远超过单台超级计算机。

4) 高可用性

单一的计算机系统总会面临设备损毁的问题，如 CPU、内存、主板、电源、硬盘等，只要一个部件坏掉，这个计算机系统就可能会宕机，无法正常提供服务。在集群系统中，尽管部分硬件和软件也可能发生故障，但整个系统的服务是 7×24 小时可用的。

集群架构技术可以使系统在若干硬件设备发生故障时仍可以继续工作，这样就将系统的停机时间减少到了最小。集群系统在提高系统可靠性的同时，也大大减小了系统故障带来的业务损失，目前几乎 100% 的互联网网站都要求 7×24 小时提供服务。

5) 透明性

多个独立计算机组成的松耦合集群系统构成一个虚拟服务器。用户或客户端程序访问集群系统时，就像访问一台高性能、高可用的服务器一样，集群中一部分服务器上线或下线时不会中断整个系统服务，这对用户也是透明的。

6) 可管理性

整个系统可能在物理上很大，但其实容易管理，就像管理一个单一镜像系统一样。在理想状况下，软硬件模块的插入能做到即插即用。

7) 可编程性

在集群系统中，开发及修改各类应用程序是比较容易的。

3. 集群的分类

计算机集群架构按功能和结构可以分成以下几类：负载均衡集群 (LBC 或者 LB)、高可用性集群 (HAC)、高性能计算集群 (HPC)、网格计算集群。

负载均衡集群和高可用性集群是互联网行业常用的集群架构模式，也是我们要学习的重点。

1) 负载均衡集群

负载均衡集群为企业提供了更为实用、性价比更高的系统架构解决方案。负载均衡集群可以把很多客户集中的访问请求负载压力尽可能平均地分摊在计算机集群中处理。客户访问请求负载通常包括应用程序处理负载和网络流量负载。这样的系统非常适合使用同一组应用程序为大量用户提供服务的模式，每个节点都可以承担一定的访问请求负载压力，并且可以实现访问请求在各节点之间动态分配，以实现负载均衡。

负载均衡集群运行时，一般是通过一个或多个前端负载均衡器将客户访问请求分发到后端的一组服务器上，从而达到整个系统的高性能和高可用性。一般高可用性集群和负载均衡集群会使用类似的技术，或同时具有高可用性与负载均衡的特点。

负载均衡集群的作用如下：

(1) 分摊客户访问请求及数据流量 (负载均衡)。

(2) 保持业务连续性，即 7×24 小时服务 (高可用性)。

(3) 应用于 Web 及数据库等服务器的业务。

负载均衡集群典型的开源软件包括 LVS、nginx、Haproxy 等。负载均衡集群架构如图 2-1-20 所示。

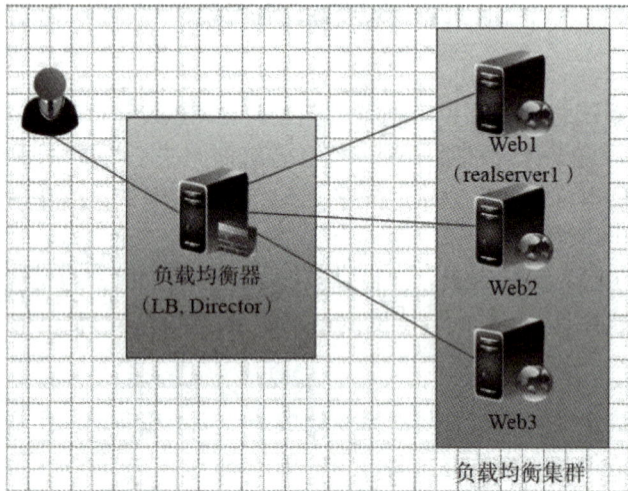

图 2-1-20　负载均衡集群架构示意图

提示：不同的业务会有若干秒的切换时间，DB 业务的切换时间明显长于 Web 业务的切换时间。

2) 高可用性集群

高可用性集群一般是指在集群中任意一个节点失效的情况下，该节点上的所有任务会自动转移到其他正常的节点上。此过程并不影响整个集群的运行。

当集群中的一个节点系统发生故障时，运行着的集群服务会迅速作出反应，将该系统的服务分配到集群中其他正在工作的系统上运行。考虑到计算机硬件和软件的容错性，高可用性集群的主要目的是使集群的整体服务尽可能可用。如果高可用性集群中的主节点发生了故障，那么这段时间内将由备份节点代替它。备份节点通常是主节点的镜像。当备份节点代替主节点时，它可以完全接管主节点 (包括 IP 地址及其他资源) 提供服务，因此，集群系统环境对于用户来说是一致的，即不会影响用户的访问。

高可用性集群使服务器系统的运行速度和响应速度会尽可能地快。它们经常利用在多台机器上运行的冗余节点和服务器来相互跟踪。如果某个节点失败，它的替补者将在几秒钟或更短时间内接管它的职责。因此，对于用户而言，集群里的任意一台机器宕机，业务都不会受影响 (理论情况下)。

高可用性集群的作用为：当一台机器宕机时，另外一台机器接管宕机机器的 IP 资源和服务资源，继续提供服务。

高可用性集群常用于不易实现负载均衡的应用，比如负载均衡器、主数据库、主存储对之间。

高可用性集群常用的开源软件包括 keepalived、Heartbeat 等。高可用性集群架构示意图如图 2-1-21 所示。

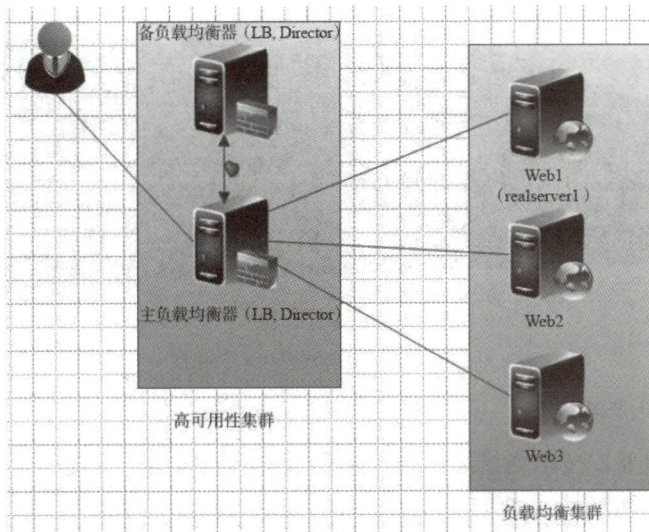

图 2-1-21　高可用性集群架构示意图

3) 高性能计算集群

高性能计算集群也称并行计算。通常，高性能计算集群涉及为集群开发的并行应用程序，以解决复杂的科学问题(天气预报、石油勘探、核反应堆模拟等)。高性能计算集群对外就好像一个超级计算机，这种超级计算机内部由数十至上万个独立服务器组成，并且在公共消息传递层上进行通信以并行运行应用程序。在生产环境中实际就是把任务切成"蛋糕"，下发到集群节点计算，计算后返回结果，然后继续领新任务计算，如此往复。

4) 网格计算集群

网格计算集群由于很少用到，在此不作介绍。

4. 常用的集群软硬件介绍及选型

1) 企业中常见的集群软硬件产品

互联网企业常用的开源集群软件有：nginx、LVS、Haproxy、keepalived、Heartbeat。

互联网企业常用的商业集群硬件有：F5、Netscaler、Radware、A10 等，工作模式相当于 Haproxy 的工作模式。

淘宝、赶集网、新浪等公司曾使用过 Netscaler 负载均衡产品。集群硬件 Netscaler 的产品图如图 2-1-22 所示。

图 2-1-22　集群硬件 Netscaler 产品图

集群硬件 F5 产品图如图 2-1-23 所示。

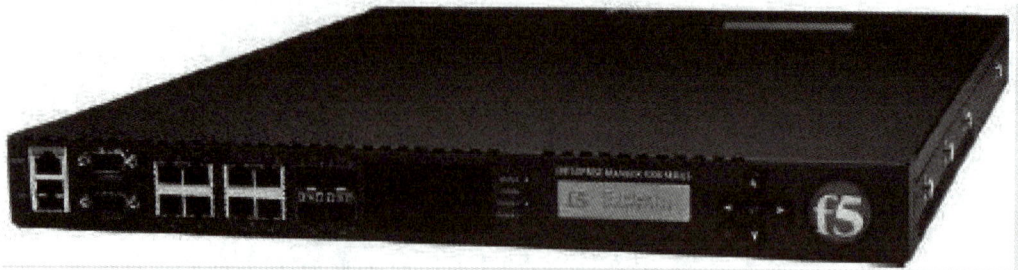

图 2-1-23　集群硬件 F5 产品图

2）集群软硬件产品选型

当企业业务重要，技术力量又薄弱，并且希望出钱购买产品及获取更好的服务时，可以选择硬件负载均衡产品，如 F5、Netscaler、Radware 等，此类企业多为传统的大型非互联网企业，如银行、证券、金融业及宝马、奔驰公司等。

对于门户网站来说，大多会用软件及硬件产品来分担单一产品的风险，如淘宝、腾讯、新浪等。融资企业会购买硬件产品，如赶集网等网站。

中小型互联网企业，在起步阶段无利润可赚或者利润很低的情况下，通常会希望通过使用开源免费的方案来解决问题，因此它们会雇佣专门的运维人员进行维护，如 51CTO 等。

相比较而言，商业的负载均衡产品成本高，性能好，更稳定，缺点是不能二次开发；开源的负载均衡软件对运维人员的能力要求较高，如果运维及开发能力强，那么开源的负载均衡软件是不错的选择，目前的互联网行业更倾向于使用开源的负载均衡软件。

3）如何选择开源集群软件产品

中小企业互联网公司网站在并发访问和总访问量不是很大的情况下，建议首选 nginx 负载均衡产品，这是因为 nginx 负载均衡产品配置简单，使用方便，安全稳定，社区活跃，使用的人逐渐增多，已成为流行趋势；另外一个实现负载均衡的类似产品为 Haproxy（支持 L4 和 L7 负载，同样优秀，但社区不如 nginx 活跃）。

如果要考虑 nginx 负载均衡的高可用功能，建议首选 keepalived 软件，这是因为 keepalived 软件安装和配置简单，使用方便，安全稳定。与 keepalived 软件类似的高可用软件还有 Heartbeat(使用比较复杂，并不建议初学者使用)。

对于大型企业互联网公司，负载均衡产品可以使用 LVS+keepalived 在前端做四层转发，一般是主备模式（主服务器配合备服务器）或主主模式（双主服务器），若需要扩展则可以使用 DNS，或前端使用 OSPF，后端使用 nginx 或者 Haproxy 做七层转发（可以扩展到百台），再后面是应用服务器。如果是数据库集群与存储的负载均衡和高可用，则建议选择 LVS + Heartbeat，LVS 支持 TCP 转发且 DR 模式效率很高，Heartbeat 可以配合 DRBD(Distributed Replicated Block Device，分布式复制块设备)，不但可以进行 VIP 的切换，还可以支持块设备级别的数据同步以及资源服务的管理。

任务 2.2　Web 服务器集群搭建

任务简介			
任务名称	Web 服务器集群搭建	所属课程	移动互联系统运维技术
前序任务	Linux 环境搭建 课时规划	课时规划	4 学时
实施方式	实际操作	考核方式	操作演示
考核点	tomcat 软件安装、tomcat 端口修改		
任务简介	使用 Linux 系统部署 tomcat，并修改默认端口，访问首页以验证安装成功		
设备环境	VMware 虚拟仿真软件		
教学方法	采用手把手的教学方法，通过操作训练引导学生掌握服务器设备部署的相关职业技能，同时通过讲解和演示的方式培养学生相关的职业素养		
实施人员信息			
姓　名	班　级	学　号	电　话
隶属组	组　长	岗位分工	伙伴成员

获取信息

引导问题 1：常用的 Web 服务器有哪些？

_____

_____

引导问题 2：为什么使用 Web 集群？Web 集群和单服务器有什么区别？

_____

_____

引导问题 3：Web 服务器可以提供什么服务？如何选择合适的 Web 服务器？

_____

_____

_____

小提示

使用 Web 集群的主要目的是提高 Web 应用程序的可靠性、可扩展性和性能。Web 集群是将多台服务器组合在一起，共同处理用户的请求，从而分担负载和提供高可用性。

与单服务器相比，Web 集群具有以下特点：

(1) 负载均衡：Web 集群使用负载均衡器来分发用户请求到不同的服务器上，以平衡服务器的负载，这样可以避免单个服务器过载，提高系统的稳定性和性能。

(2) 高可用性：在集群中使用冗余服务器，当某个服务器发生故障时，其他服务器可以接管请求，从而实现高可用性。这样可以减少系统的停机时间，给用户提供良好的访问体验。

(3) 扩展性：Web 集群可以根据需求动态添加或删除服务器，以适应不断增长的用户访问量。这样可以提供更好的扩展性，确保系统能够应对未来的增长。

(4) 故障隔离：当某个服务器发生故障或出现性能问题时，其他服务器可以继续处理用户请求，从而实现故障隔离，这样可以减少单点故障对整个系统的影响。

(5) 数据共享和同步：Web 集群可以使用共享存储或分布式文件系统来实现数据的共享和同步，以确保多个服务器之间的数据一致性。

总之，Web 集群通过将多个服务器组合在一起来共同处理用户请求，提高了系统的可靠性、可扩展性和性能，从而更好地满足用户的需求。

工作计划

1. 工作准备

为了便于完成本任务，首先要创建好模板机，并下载配套的资料；其次要查找相关资料，了解高性能集群的相关知识；最后要学会对 Web 服务器进行测试，记录测试数据。

2. 列出软件和工具清单

试写出本任务可能涉及的软件和工具，并将它们的版本和功能填入表 2-2-1 中。

表 2-2-1　软件 / 工具清单

软件 / 工具	版　本	功　能

进行决策

根据计算机环境和实操前的工作准备，决定软件版本和实操流程。

_____

_____

_____

工作实施

1. 实施要求或注意事项

引导问题 1：tomcat 与 Apache HTTP Server 有何区别？

_____

_____

_____

引导问题 2：Web 集群只能使用 tomcat 作为服务器吗？

_____

_____

_____

引导问题 3：tomcat 有什么优点和缺点？

_____

_____

_____

_____

2. 实施步骤

为了完成本任务，可以参考以下的步骤进行操作。

步骤 1　检查网络是否畅通。

(1) 使用第三方软件连接上 Linux 服务器，然后验证服务器的网络是否畅通。代码如下：

```
ping www.baidu.com -c 4
```

结果如图 2-2-1 所示

图 2-2-1　验证网络畅通

(2) 使用 wget 命令从网络中下载 tomcat 压缩包，相关代码如下：

```
yum install -y wget # 安装 wget 软件

cd /root

wget https://mirrors.aliyun.com/apache/tomcat/tomcat-8/v8.5.94/bin/\

apache-tomcat-8.5.94.tar.gz
```

结果如图 2-2-2 所示。

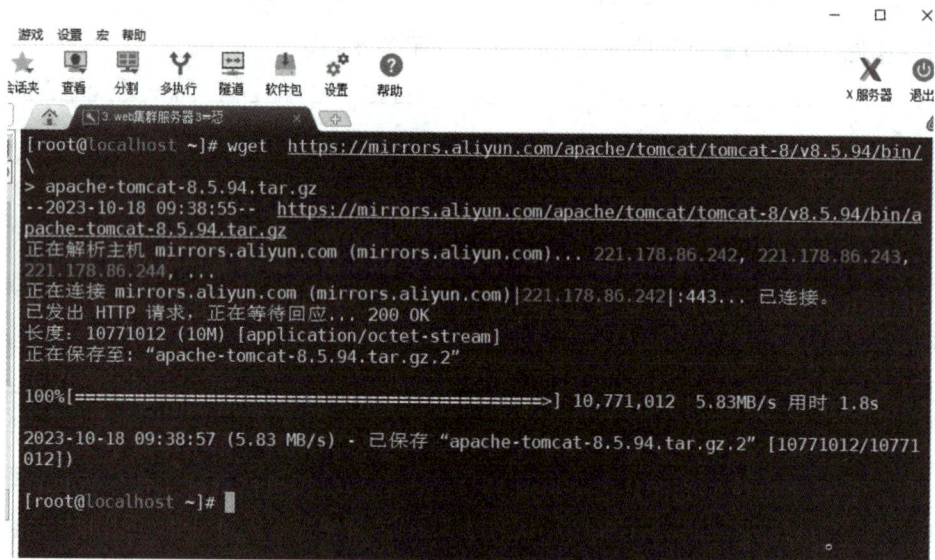

图 2-2-2　网络下载 tomcat 到 Linux 系统 root 目录

步骤 2　解压 tomcat。具体操作如下：

(1) 创建 /usr/local/tomcat 文件夹，用于存放解压出来的 tomcat，相关代码如下：

```
mkdir -p /usr/local/tomcat
```

(2) 解压 apache-tomcat-8.5.94.tar.gz 压缩包到目录 /usr/local/tomcat，相关代码如下：

```
cd /root

tar -xvf apache-tomcat-* -C /usr/local/tomcat
```

结果如图 2-2-3 所示。

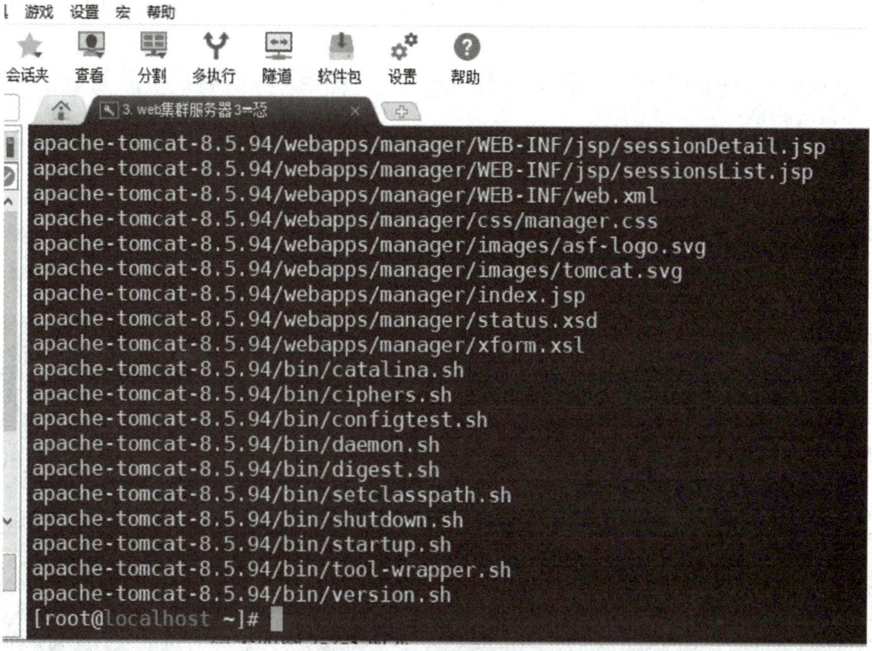

图 2-2-3　解压 tomcat 到目录 /usr/local/tomcat

步骤 3　配置 tomcat 的环境变量和内存设置。编辑 catalina.sh，在 cygwin=false 上方输入以下内容，相关代码如下：

```
vi /usr/local/tomcat/apache-tomcat-8.5.94/bin/catalina.sh
JAVA_OPTS="-Xms512m -Xmx1024m -Xss1024K -XX:PermSize=512m -XX:MaxPermSize=1024m"
export tomcat_HOME=/usr/local/tomcat/apache-tomcat-8.5.94
export CATALINA_HOME=/usr/local/tomcat/apache-tomcat-8.5.94
export CATALINA_BASE=/usr/local/tomcat/apache-tomcat-8.5.94
```

结果如图 2-2-4 所示。

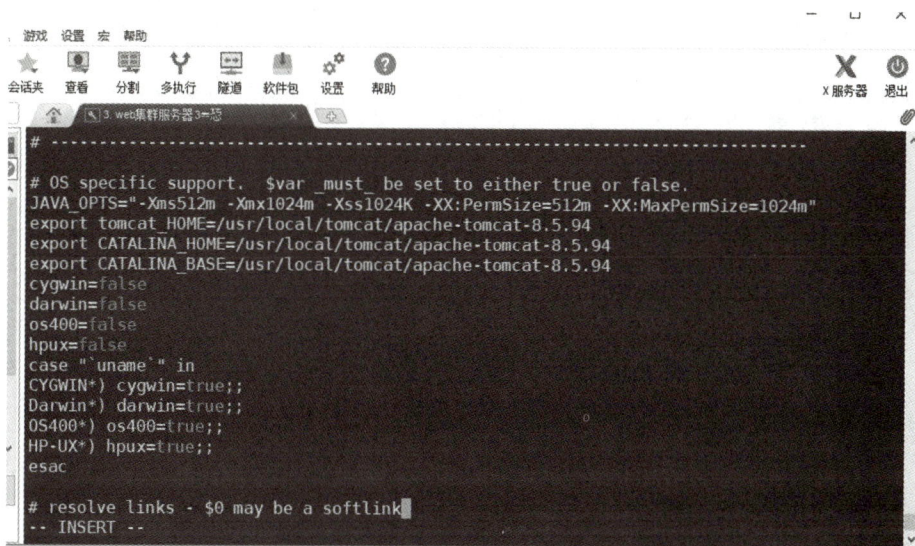

图 2-2-4　修改 tomcat 配置

步骤 4   安装 Java。tomcat 的运行需要 Java 环境，因此需要在服务器中先安装 Java，安装 Java 的代码如下：

```
yum install -y java-1.8.0-openjdk.x86_64
java -version
```

结果如图 2-2-5 所示。

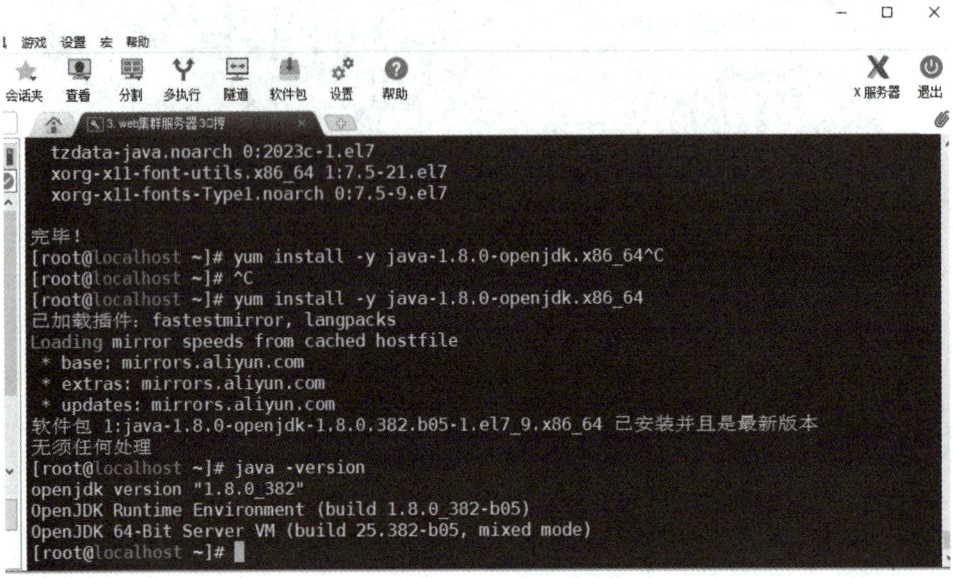

图 2-2-5   安装 Java 成功

步骤 5   验证 tomcat 安装成功。具体操作如下：

(1) 启动 tomcat。相关代码如下：

```
/usr/local/tomcat/apache-tomcat-8.5.94/bin/startup.sh
```

(2) 验证。查看本地 IP，代码如下：

```
ifconfig
```

结果如图 2-2-6 所示。

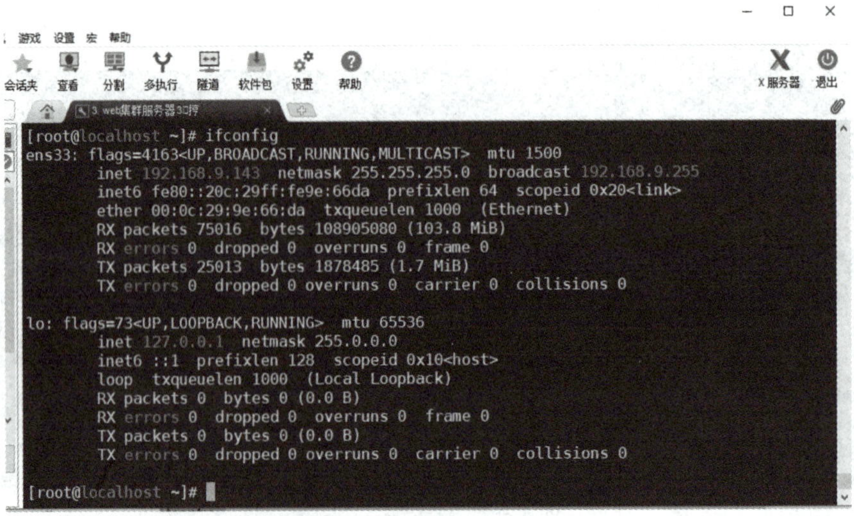

图 2-2-6   验证 tomcat 安装

（3）打开浏览器，在浏览器输入 http://192.168.9.143:8080/，若能正常显示则表明安装成功，结果如图 2-2-7 所示。

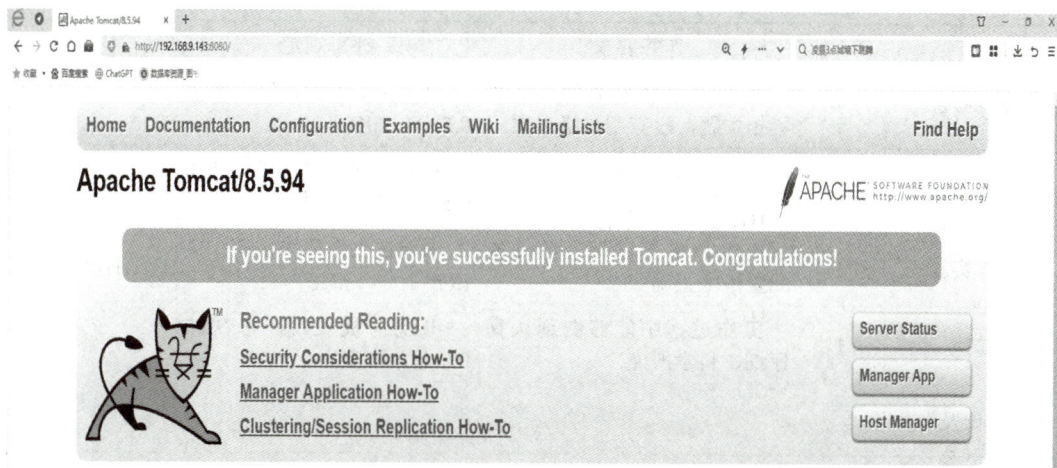

图 2-2-7　tomcat 启动成功

注意：以上步骤在两台实验用的 Web 服务器上分别执行，构成 Web 集群。

小提示

每种日志都有不同的用途和含义，tomcat 的日志主要有以下几种：

（1）catalina.out：这是 tomcat 的主要日志文件，记录 tomcat 服务器的启动和关闭过程，以及应用程序的错误和异常信息。它包含 tomcat 的系统日志，可以用于诊断 tomcat 本身的问题。

（2）localhost.log：记录每个部署在 tomcat 中的 Web 应用程序的请求信息、错误和异常信息。它包含与特定 Web 应用程序相关的日志记录，可用于诊断应用程序在 tomcat 中的运行问题。

（3）catalina.yyyy-MM-dd.log：基于日期的 tomcat 访问日志，记录了每个接收到的 HTTP 请求的相关信息，如请求的 URL、响应状态码、访问时间等。此日志用于分析服务器的访问情况、性能和流量。

（4）host-manager.yyyy-MM-dd.log 和 manager.yyyy-MM-dd.log：这两个日志文件分别记录主机管理器和管理器应用程序的访问日志，用于跟踪对这些应用程序的访问、操作和管理。

（5）其他应用程序日志：如果在 Demigods 中部署了其他应用程序（如自定义应用程序），它们可能会有自己的日志文件，用于记录特定应用程序的日志输出，以便进行故障排查和调试。

通过查看这些日志文件，可以帮助诊断和调试 tomcat 服务器、Web 应用程序或相关的访问和管理任务中的问题。

评价反馈

1. 学生自评

评分项	分 值	作答要求	评审规定	得 分
获取信息	2	问题回答清晰准确，能够紧扣主题，没有明显错误项	对照标准答案，错一项扣0.5分，扣完为止	
工作计划	3	工作计划优秀可实施，没有任何细节错误	对照标准答案，错一项扣0.5分，扣完为止	
工作实施	4	有具体配置图例，各设备配置清晰正确	未能按工作要求实施，每次扣1分，扣完为止	
其他	1	工作过程中能够做到认真仔细，科学严谨	出现消极表现，每次扣0.5分，扣完为止	
综合评价及得分				

2. 学生互评

评分项	分 值	作答要求	评审规定	得 分
获取信息	2	问题回答清晰准确，能够紧扣主题，没有明显错误项	对照标准答案，错一项扣0.5分，扣完为止	
工作计划	3	工作计划优秀可实施，没有任何细节错误	对照标准答案，错一项扣0.5分，扣完为止	
工作实施	4	有具体配置图例，各设备配置清晰正确	未能按工作要求实施，每次扣1分，扣完为止	
其他	1	工作过程中能够做到认真仔细，科学严谨	出现消极表现，每次扣0.5分，扣完为止	
综合评价及得分				

3. 教师评价

评分项	分 值	作答要求	评审规定	得分
任务准备	3	学生对任务目标清晰，能够做好充分的准备工作	对照准备工作项，未完成一项扣0.5分，扣完为止	
任务实施	4	有具体配置图例，各设备配置清晰正确	未能按工作要求实施，每次扣1分，扣完为止	
团队合作	2	学生能相互帮助，团结协作	组员之间产生分歧未能及时化解，每次扣0.5分，扣完为止	
其他	1	学生在工作过程中能够做到认真仔细，科学严谨	出现消极表现，每次扣0.5分，扣完为止	
综合评价及得分				

知识链接

这里介绍 Web 服务器集群的好处。其好处主要如下：

(1) 高可伸缩性：服务器集群具有很强的可伸缩性。随着需求和负荷的增长，可以向集群系统添加更多的服务器。在这样的配置中，可以有多台服务器执行相同的应用和数据库操作。

(2) 高可用性：高可用性是指在不需要操作者干预的情况下，防止系统发生故障或从故障中自动恢复的能力。通过把故障服务器上的应用程序转移到备份服务器上运行，集群系统能够把正常运行时间提高到大于 99.9%，大大减少了服务器和应用程序的停机时间。

(3) 高可管理性：系统管理员可以从远程管理一个，甚至一组集群，就好像在单机系统中一样。

任务 2.3　nginx+keepalived 高可用负载均衡集群搭建

任务简介			
任务名称	nginx+keepalived 高可用负载均衡集群搭建	所属课程	移动互联系统运维技术
前序任务	Web 服务器集群搭建	课时规划	4 学时
实施方式	实际操作	考核方式	操作演示
考核点	nginx 软件安装以及作负载均衡的配置、keepalived 作高可用软件的配置		
任务简介	使用 nginx+keepalived 实现高可用负载均衡集群搭建，并验证搭建结果		
设备环境	VMware 虚拟仿真软件		
教学方法	采用手把手的教学方法，通过操作训练引导学生掌握服务器设备部署的相关职业技能，同时通过讲解和演示的方式培养学生相关的职业素养		
实施人员信息			
姓　名		班　级		学　号		电　话	
隶属组		组　长		岗位分工		伙伴成员	

获取信息

引导问题 1：为什么要使用负载均衡？

_____

_____

_____

引导问题 2：常用的负载均衡软硬件有哪些？

_____

_____

_____

引导问题 3：如何选择负载均衡软硬件？

_____

_____

_____

小提示

在互联网行业中，常用的开源负载均衡软件有以下几种：

(1) nginx：nginx 是一个高性能的 Web 服务器和反向代理服务器，也可以用作负载均衡器。它具有占用资源少、高并发处理能力强、配置简单等特点，适用于处理大量静态请求和反向代理。

(2) Haproxy：Haproxy 是一个高性能的 TCP/HTTP 负载均衡器，支持多种负载均衡算法和会话保持。它具有高可靠性、低延迟、灵活的配置和监控等特点，适用于处理高并发的 Web 请求。

(3) Apache Traffic Server：Apache Traffic Server 是一个高性能的反向代理和缓存服务器，也可以用作负载均衡器。它具有高可扩展性、灵活的配置和缓存功能，适用于处理大规模的 Web 请求和内容分发。

工作计划

1. 工作准备

为了便于完成本任务，首先要完成模板机的制机，并按规划的 IP 对服务器进行规划，下载配套软件；其次需要查找资料，熟悉 nginx 和 keepalived 软件，了解 nginx 和 keepalived 软件的版本、安装流程，掌握 nginx 和 keepalived 软件的简单配置等。

2. 列出软件和工具清单

试写出本任务可能涉及的软件和工具，并将它们的版本和功能填入表 2-3-1 中。

表 2-3-1　软件 / 工具清单

软件 / 工具	版　本	功　能

进行决策

【进行决策】

根据计算机环境和实操前的工作准备，决定软件版本和实操流程。

工作实施

1. 实施要求或注意事项

引导问题 1：安装 nginx 的方法有哪几种？它们各有什么优缺点？

引导问题 2：什么是反向代理？nginx 如何配置为反向代理？

引导问题 3：负载均衡的策略有哪几种？

2. 实施步骤

为了完成本任务，可以参考以下的步骤进行操作。

步骤 1　克隆模板机。

使用模板机克隆两台主机，分别命名为负载均衡主机和负载均衡备机，将负载均衡主机的 IP 设置为 10.0.0.110，将负载均衡备机的 IP 设置为 10.0.0.111。

步骤 2　安装 nginx。具体操作如下：

(1) 安装依赖软件。相关代码如下：

```
yum install -y gcc gcc-c++
yum install -y pcre-devel zlib-devel
```

(2) 解压 nginx-1.14.0.tar.gz。相关代码如下：

```
cd /home/soft
tar -xvzf nginx-1.14.0.tar.gz
```

解压结果如图 2-3-1 所示。

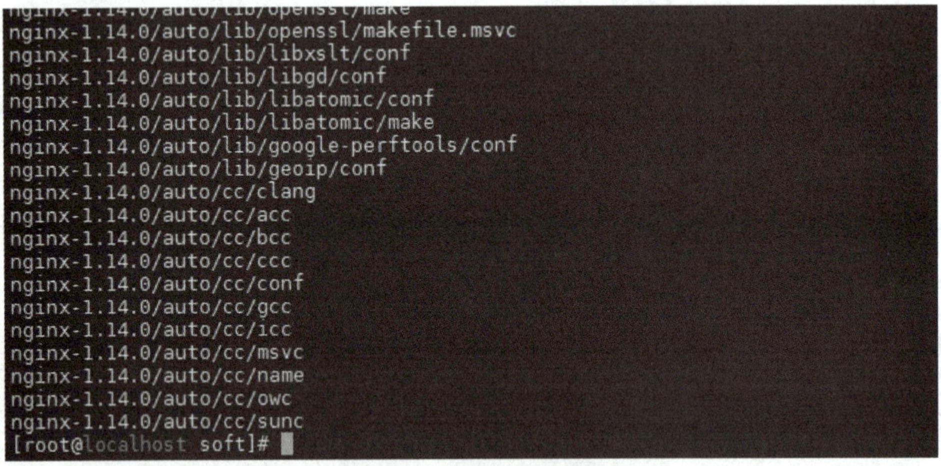

```
nginx-1.14.0/auto/lib/openssl/make
nginx-1.14.0/auto/lib/openssl/makefile.msvc
nginx-1.14.0/auto/lib/libxslt/conf
nginx-1.14.0/auto/lib/libgd/conf
nginx-1.14.0/auto/lib/libatomic/conf
nginx-1.14.0/auto/lib/libatomic/make
nginx-1.14.0/auto/lib/google-perftools/conf
nginx-1.14.0/auto/lib/geoip/conf
nginx-1.14.0/auto/cc/clang
nginx-1.14.0/auto/cc/acc
nginx-1.14.0/auto/cc/bcc
nginx-1.14.0/auto/cc/ccc
nginx-1.14.0/auto/cc/conf
nginx-1.14.0/auto/cc/gcc
nginx-1.14.0/auto/cc/icc
nginx-1.14.0/auto/cc/msvc
nginx-1.14.0/auto/cc/name
nginx-1.14.0/auto/cc/owc
nginx-1.14.0/auto/cc/sunc
[root@localhost soft]#
```

图 2-3-1　成功解压 nginx

(3) 执行配置的命令。相关代码如下：

```
cd nginx-1.14.0
./configure --prefix=/opt/nginx
```

配置结果如图 2-3-2 所示。

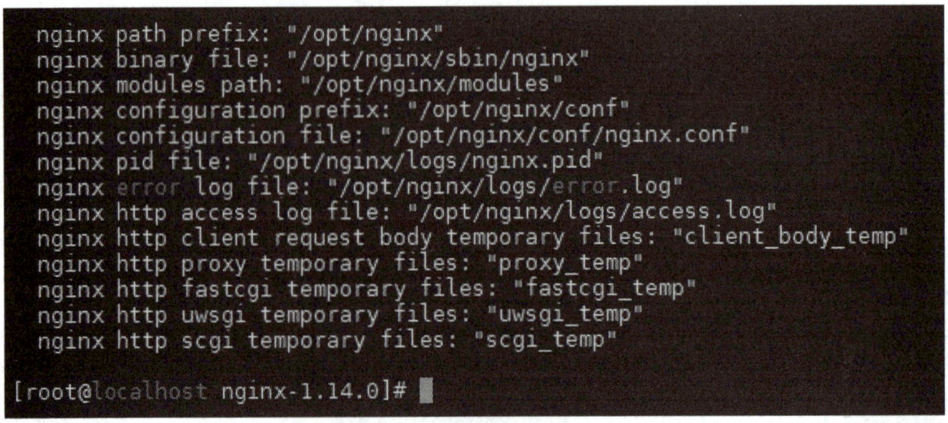

```
  nginx path prefix: "/opt/nginx"
  nginx binary file: "/opt/nginx/sbin/nginx"
  nginx modules path: "/opt/nginx/modules"
  nginx configuration prefix: "/opt/nginx/conf"
  nginx configuration file: "/opt/nginx/conf/nginx.conf"
  nginx pid file: "/opt/nginx/logs/nginx.pid"
  nginx error log file: "/opt/nginx/logs/error.log"
  nginx http access log file: "/opt/nginx/logs/access.log"
  nginx http client request body temporary files: "client_body_temp"
  nginx http proxy temporary files: "proxy_temp"
  nginx http fastcgi temporary files: "fastcgi_temp"
  nginx http uwsgi temporary files: "uwsgi_temp"
  nginx http scgi temporary files: "scgi_temp"

[root@localhost nginx-1.14.0]#
```

图 2-3-2　配置 nginx 安装环境

(4) 编译安装。相关代码如下：

```
make && make install
```

(5) 启动测试。相关代码如下：

```
cd /opt/nginx/sbin
./nginx
```

(6) 验证。在浏览器中输入 IP，正常打开欢迎页面，nginx 完装完成，如图 2-3-3 所示。

Welcome to nginx!

If you see this page, the nginx web server is successfully installed and working. Further configuration is required.

For online documentation and support please refer to nginx.org.
Commercial support is available at nginx.com.

Thank you for using nginx.

图 2-3-3　nginx 安装完成

步骤 3　配置 nginx。具体操作如下：

(1) 上传 nginx.conf 到 /home/soft 中，再复制到 /opt/nginx/conf/。代码如下：

```
cp /home/soft/nginx.conf /opt/nginx/conf/nginx.conf
```

(2) 修改其中的 IP 为 Web 服务器集群的 IP。代码如下：

```
vi /opt/nginx/conf/nginx.conf
```

配置结果如图 2-3-4 所示。

```
#gzip   on;
upstream tomcat_pool {
    #server tomcat地址:端口号 weight表示权值，权值越大，被分配的几率越大;
    server 10.0.0.120:8080 weight=1;
    server 10.0.0.121:8080 weight=1;
}
```

图 2-3-4　配置 nginx 反向代理

(3) 重启 nginx。代码如下：

```
cd /opt/nginx/sbin
./nginx -s reload
```

(4) 验证反向代理。在浏览器中输入 IP，正常打开 tomcat 的欢迎页，完装完成，如图 2-3-5 所示。

图 2-3-5　配置 nginx 反向代理设置成功

(5) nginx 配置服务和开机自启。代码如下：

```
cp /home/soft/nginx /etc/init.d/nginx
chmod 775 /etc/init.d/nginx
chkconfig --add /etc/init.d/nginx
chkconfig --level 3 nginx on
```

结果如图 2-3-6 所示。

图 2-3-6　nginx 配置服务和开机自启成功

注意：另一个负载均衡集群主机也要执行以上的步骤。

步骤 4　使用 keepalived 配置高可用。具体操作如下：

(1) 安装 keepalived 相关包。相关代码如下：

```
yum install -y keepalived psmisc
```

(2) 配置主负载服务器 (10.0.0.110)。相关操作如下：

① 复制 keepalived_MASTER.conf 到 /etc/keepalived 中并改名 keepalived.conf。代码如下：

```
cp /home/soft/keepalived_MASTER.conf /etc/keepalived/keepalived.conf
```

keepalived_MASTER.conf 的内容如图 2-3-7 所示。

```
 1 global_defs {
 2     notification_email {
 3     router_id LVS_MASTER          # 设置lvs的id，在一个网络应该是唯一的
 4 }
 5 vrrp_script chk_http_port {
 6     script "/usr/local/src/check_nginx_pid.sh"
 7     interval 2                          #（检测脚本执行的间隔）
 8     weight 2
 9 }
10 vrrp_instance VI_1 {
11     state MASTER              # 指定keepalived的角色，MASTER为主，BACKUP为备
12     interface eth0             # 当前进行vrrp通信的网络接口卡(当前CentOS的网卡)
13     virtual_router_id 66        # 虚拟路由编号，主从要一致
14     priority 100              # 优先级，数值越大，获取处理请求的优先级越高
15     advert_int 1             # 检查间隔，默认为1s(vrrp组播周期秒数)
16     authentication {
17         auth_type PASS
18         auth_pass 1111
19     }
20     track_script {
21       chk_http_port      #（调用检测脚本）
22     }
23     virtual_ipaddress {
24         10.0.0.200          # 定义虚拟ip(VIP)，可多设，每行一个
25     }
26 }
```

图 2-3-7　keepalived_MASTER.conf 的部分内容

② 把 check_nginx_pid.sh 复制到 /usr/local/src/ 中。代码如下：

```
cp /home/soft/check_nginx_pid.sh /usr/local/src/check_nginx_pid.sh
```

check_nginx_pid.sh 的内容如图 2-3-8 所示。

```
1 #!/bin/bash
2 #检测nginx是否启动了
3 A=`ps -C nginx --no-header |wc -l`
4 if [ $A -eq 0 ];then      #如果nginx没有启动就启动nginx
5     systemctl start nginx              #重启nginx
6     if [ `ps -C nginx --no-header |wc -l` -eq 0 ];then      #nginx重启失败，则停掉keepalived服务，进行VIP转移
7         killall keepalived
8     fi
9 fi
```

图 2-3-8　check_nginx_pid.sh 的部分内容

③ 授权 check_nginx_pid.sh。代码如下：

```
chmod 775 /usr/local/src/check_nginx_pid.sh
```

④ 启动 keepalived 服务。代码如下：

```
systemctl enable keepalived.service
service keepalived start
```

(3) 配置从负载服务器 (10.0.0.111)。相关操作如下：

① 复制 keepalived_BACKUP.conf 到 /etc/keepalived 中并改名 keepalived.conf。代码如下：

```
cp /home/soft/keepalived_BACKUP.conf /etc/keepalived/keepalived.conf
```

② 把 check_nginx_pid.sh 复制到 /usr/local/src/ 中。代码如下：

```
cp /home/soft/check_nginx_pid.sh /usr/local/src/check_nginx_pid.sh
```

③ 授权 check_nginx_pid.sh。代码如下：

```
chmod 775 /usr/local/src/check_nginx_pid.sh
```

④ 启动 keepalived 服务。代码如下：

```
systemctl enable keepalived.service
service keepalived start
```

步骤 5　验证 keepalived。具体操作如下：

(1) 关闭主负载服务器，输入虚拟地址观察是否还能访问，结果如图 2-3-9 所示。

← → C ⌂　　🔒 http://10.0.0.200/

★ 收藏 ▼ 📱 手机收藏夹 ⊕ https:// ∧ 会员充值

10.0.0.120

图 2-3-9　关闭主负载均衡验证图

(2) 同时关闭主从负载服务器，输入虚拟地址观察是否还能访问，结果如图 2-3-10 所示。

(3) 重新打开主负载服务器，输入虚拟地址观察是否还能访问，如图 2-3-11 所示。

hi，真不巧，网页走丢了。
不如搜索一下你想要的，或者刷新网页试试吧。

　360断网急救箱　　　刷新试试

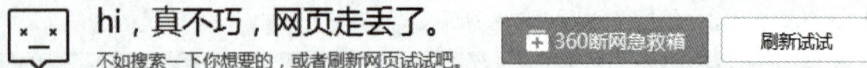

图 2-3-10　同时关闭主从负载均衡验证图

← → C ⌂ 🔒 http://10.0.0.200/

★ 收藏 ▾ 📱手机收藏夹 ⊕ https:// 🅰 会员充值

10.0.0.120

图 2-3-11　重新打开主负载均衡验证图

评价反馈

1. 学生自评

评分项	分　值	作答要求	评审规定	得　分
获取信息	2	问题回答清晰准确，能够紧扣主题，没有明显错误项	对照标准答案，错一项扣0.5 分，扣完为止	
工作计划	3	工作计划优秀可实施，没有任何细节错误	对照标准答案，错一项扣0.5 分，扣完为止	
工作实施	4	有具体配置图例，各设备配置清晰正确	未能按工作要求实施，每次扣 1 分，扣完为止	
其他	1	工作过程中能够做到认真仔细，科学严谨	出现消极表现，每次扣0.5 分，扣完为止	
综合评价及得分				

2. 学生互评

评分项	分　值	作答要求	评审规定	得　分
获取信息	2	问题回答清晰准确，能够紧扣主题，没有明显错误项	对照标准答案，错一项扣0.5 分，扣完为止	
工作计划	3	工作计划优秀可实施，没有任何细节错误	对照标准答案错一项扣0.5 分，扣完为止	
工作实施	4	有具体配置图例，各设备配置清晰正确	未能按工作要求实施，每次扣 1 分，扣完为止	
其他	1	工作过程中能够做到认真仔细，科学严谨	出现消极表现，每次扣0.5 分，扣完为止	
综合评价及得分				

3. 教师评价

评分项	分　值	作答要求	评审规定	得　分
任务准备	3	学生对任务目标清晰，能够做好充分的准备工作	对照准备工作项，未完成一项扣 0.5 分，扣完为止	
任务实施	4	有具体配置图例，各设备配置清晰正确	未能按工作要求实施，每次扣 1 分，扣完为止	
团队合作	2	学生能相互帮助，团结协作	组员之间产生分歧未能及时化解，每次扣 0.5 分，扣完为止	
其他	1	学生在工作过程中能够做到认真仔细，科学严谨	出现消极表现，每次扣 0.5 分，扣完为止	
综合评价及得分				

知识链接

这里介绍 nginx 的 3 种安装方式。

nginx 是一款轻量级的网页服务器和反向代理服务器。相较于 Apache 和 lighttpd，nginx 具有占用内存少，稳定性高等优势，它常用于提供反向代理服务。nginx 当前有安装包编译安装、yum 源安装以及使用 docker 安装 3 种安装方式。

1. 安装包编译安装

使用安装包编译安装的代码如下：

```
yum -y install gcc gcc-c++ autoconf automake      # 如果没有，就使用 yum 安装
cd /usr/local/tools/ngnix                         # 在 ngnix 目录下
wget http://www.openssl.org/source/openssl-1.0.1j.tar.gz  # 下载
tar -zxvf openssl-1.0.1j.tar.gz                   # 解压
cd openssl-1.0.1j                                 # 进入并初始化
./config
make && make install
which nginx                                       # 查看是否安装
cd /usr/local/tools/ngnix                         # 进入目录
wget http://nginx.org/download/nginx-1.8.0.tar.gz # 下载并解压 nginx 1.8 版本
tar -zxvf nginx-1.8.0.tar.gz
cd nginx-1.8.0                                    # 进入目录编译安装
./configure
make && make install
```

2. 使用 yum 源安装

使用 yum 源安装 nginx 的代码如下：

```
sudo yum install -y nginx                # yum 安装 nginx
sudo systemctl start nginx.service       # 启动 nginx
sudo systemctl enable nginx.service      # 设置开机自启动
```

3. 使用 docker 安装

使用 docker 源安装 nginx 的代码如下：

```
docker run -p 81:80 --name nginx -d nginx:latest   # 使用 81 端口
docker exec -it ef6a74b78b75 /bin/bash             # 进入启动 nginx 镜像的容器
```

测试时注意 81 端口是否开启,如果是阿里云、腾讯云等,就要注意安全组设置。为保证配置文件持久化(即不会因为重启容器而导致配置文件消失),可自行根据需要将容器内的配置文件或日志文件挂载在宿主机上。

任务 2.4　MySQL + keepalived 高可用数据库集群搭建

任务简介			
任务名称	MySQL + keepalived 高可用数据库集群搭建	所属课程	移动互联系统运维技术
前序任务	nginx+keepalived 高可用负载均衡集群搭建	课时规划	4 学时
实施方式	实际操作	考核方式	操作演示
考核点	MySQL 软件安装以及双向同步复制的配置、keepalived 作高可用软件的配置		
任务简介	使用 MySQL + keepalived 实现高可用数据库集群搭建,并验证搭建结果		
设备环境	VMware 虚拟仿真软件		
教学方法	采用手把手的教学方法,通过操作训练引导学生掌握服务器设备部署的相关职业技能,同时通过讲解和演示的方式培养学生相关的职业素养。		
实施人员信息			
姓　名		班　级		学　号		电　话	
隶属组		组　长		岗位分工		伙伴成员	

获取信息

引导问题 1:为什么要使用主备数据库?

_____

_____

_____

_____

引导问题 2:常用的数据库有哪些?

_____

_____

_____

_____

引导问题 3：如何选择数据库软件？

_____

_____

_____

_____

_____

❖ 小提示

使用主备数据库的主要目的是提高数据库的可用性和容灾能力。主备数据库是通过将主数据库的数据实时复制到备份数据库，以实现数据的冗余和备份。

以下是使用主备数据库的几个重要原因：

(1) 高可用性：主备数据库可以提供高可用性。当主数据库发生故障或不可用时，备份数据库可以立即接管并继续提供服务，这样可以减少系统的停机时间，确保业务的连续性。

(2) 容灾备份：备份数据库可以作为主数据库的容灾备份。当主数据库发生灾难性故障时，可以快速切换到备份数据库，以恢复业务运行，这样可以保护数据免受灾难性事件的影响。

(3) 数据保护：主备数据库可以实现数据的实时复制，确保数据的冗余和备份。当主数据库发生数据损坏或误操作时，可以从备份数据库中恢复数据，避免数据丢失。

(4) 负载均衡：主备数据库可以分担读写负载。主数据库负责处理写操作，备份数据库负责处理读操作，这样可以提高数据库的性能和扩展性，满足高并发的访问需求。

(5) 维护和升级：使用主备数据库可以实现无缝的维护和升级。当需要对主数据库进行维护或升级时，可以先将主数据库切换到备份数据库，然后进行操作，这样可以避免对业务的影响。

总之，使用主备数据库可以提高数据库的可用性、容灾能力和数据保护能力，确保业务的连续性和数据的安全性。它是构建高可用性和可靠性数据库架构的重要组成部分。

▤ 工作计划

1. 工作准备

为了便于完成本任务，首先要完成本地 yum 源的搭建，并验证 yum 源可正常使用；其次需要查找资料，熟悉 MySQL 软件，了解 MySQL 的同步复制功能和安装流程，掌握 MySQL 进行同步复制的配置以及验证等。

2. 列出软件和工具清单

试写出的本任务可能涉及的软件和工具，并将它们的版本和功能填入表 2-4-1 中。

表 2-4-1 软件 / 工具清单

软件 / 工具	版　本	功　能

进行决策

根据计算机环境和实操前的工作准备，决定软件版本和实操流程。

_____

_____

_____

_____

_____

工作实施

1. 实施要求或注意事项

引导问题 1：安装 MySQL 的方法有哪几种？它们各有什么优缺点？

_____

_____

_____

_____

引导问题 2：开源软件有什么优缺点？

_____

_____

_____

_____

_____

引导问题 3：高可用的意义和原理是什么？

_____

_____

_____

_____

_____

2. 实施步骤

为了完成本任务，可以参考以下的步骤进行操作。

步骤 1　克隆模板机。

使用模板机克隆两台主机，分别命名为 MySQL1 和 MySQL2，将 MySQL1 的 IP 设置为 10.0.0.130，将 MySQL2 的 IP 设置为 10.0.0.131。

步骤 2　安装配置 MySQL。具体操作如下：

(1) 使用 yum 安装 MySQL。相关代码如下：

```
yum -y install mysql-community-server
```

(2) 配置 MySQL。相关操作如下：

① 启动 MySQL。代码如下：

```
systemctl start  mysqld.service
```

② 查看默认密码。代码如下：

```
grep "password" /var/log/mysqld.log
```

结果如图 2-4-1 所示。

图 2-4-1　查看 MySQL 默认密码

③ 使用默认密码登录 MySQL(使用上一步查看到的密码)。代码如下：

```
mysql -uroot -p' -gJh=o(ex1kt'
```

④ 重新设置一个方便记忆的密码 (仅在实验环境使用简单密码)。代码如下：

```
set global validate_password_policy=LOW;
set global validate_password_length=6;
ALTER USER 'root'@'localhost' IDENTIFIED BY '123456';
```

(3) 开启 MySQL 的远程访问权限。相关代码如下：

```
grant all privileges on *.* to 'root'@'ocalhost' identified by '123456' with grant option;
grant all privileges on *.* to 'root'@'%' identified by '123456' with grant option;
```

```
flush privileges;                                              # 刷新权限
```

（4）修改 MySQL 服务器的编码格式（主要作用是为了解决中文乱码问题）。相关操作如下：

① 查看编码。代码如下：

```
show variables like 'character%';
```

结果如图 2-4-2 所示。

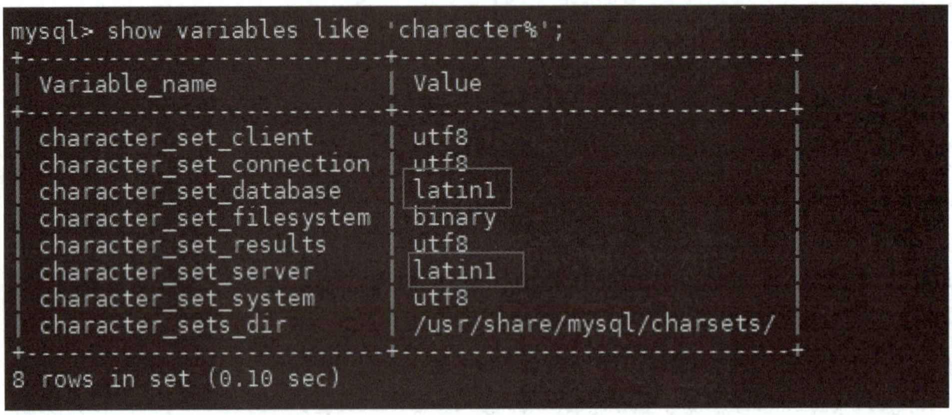

```
mysql> show variables like 'character%';
+--------------------------+----------------------------+
| Variable_name            | Value                      |
+--------------------------+----------------------------+
| character_set_client     | utf8                       |
| character_set_connection | utf8                       |
| character_set_database   | latin1                     |
| character_set_filesystem | binary                     |
| character_set_results    | utf8                       |
| character_set_server     | latin1                     |
| character_set_system     | utf8                       |
| character_sets_dir       | /usr/share/mysql/charsets/ |
+--------------------------+----------------------------+
8 rows in set (0.10 sec)
```

图 2-4-2　查看修改前编码

② 退出 MySQL。代码如下：

```
exit
```

③ 打开 /etc/my.cnf 文件。代码如下：

```
vi /etc/my.cnf
```

④ 找到 [client]（如果没有，自己添加一个），在下面添加 default-character-set=utf8。

⑤ 找到 [mysqld]，在下面添加 character_set_server = utf8。

结果如图 2-4-3 所示。

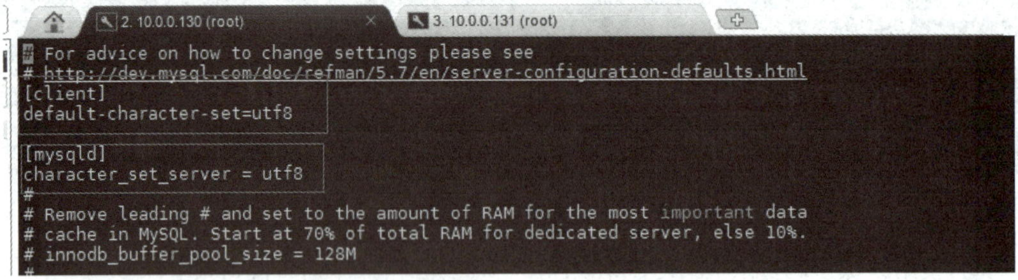

```
2. 10.0.0.130 (root)              3. 10.0.0.131 (root)
# For advice on how to change settings please see
# http://dev.mysql.com/doc/refman/5.7/en/server-configuration-defaults.html
[client]
default-character-set=utf8

[mysqld]
character_set_server = utf8
#
# Remove leading # and set to the amount of RAM for the most important data
# cache in MySQL. Start at 70% of total RAM for dedicated server, else 10%.
# innodb_buffer_pool_size = 128M
#
```

图 2-4-3　修改 /etc/my.cnf

⑥ 重启 MySQL。代码如下：

```
service mysqld restart
```

⑦ 再查看一下编码。代码如下：

```
mysql -uroot -p'123456'
show variables like 'character%';
```

结果如图 2-4-4 所示。

图 2-4-4   查看修改后的编码

⑧ 退出 MySQL。代码如下：

```
exit
```

(5) 使用 navicat 远程连接验证。填入 IP 和密码，测试连接，若显示"连接成功"，则证明安装成功，如图 2-4-5 所示。

图 2-4-5   navicat 软件连接成功

注：以上内容 MySQL1 和 MySQL2 都要操作！

步骤 3   主从双向同步复制。具体操作如下：

(1) 时间同步。

在 MySQL1(10.0.0.130) 上进行以下操作：

① 安装 chrony。代码如下：

```
yum -y install chrony
```

② 修改配置文件。代码如下：

```
sed -i 's/server 0.CentOS.pool.ntp.org iburst/#server 0.CentOS.pool.ntp.org iburst/g' /etc/chrony.conf
sed -i 's/server 1.CentOS.pool.ntp.org iburst/#server 1.CentOS.pool.ntp.org iburst/g' /etc/chrony.conf
sed -i 's/server 2.CentOS.pool.ntp.org iburst/#server 2.CentOS.pool.ntp.org iburst/g' /etc/chrony.conf
sed -i 's/server 3.CentOS.pool.ntp.org iburst/server ntp2.aliyun.com iburst/g' /etc/chrony.conf
```

③ 设置开机自启。代码如下：

```
systemctl enable chronyd.service
```

④ 启动时间同步服务。代码如下：

```
systemctl restart chronyd.service
timedatectl set-ntp true
```

在 MySQL2(10.0.0.131) 上进行以下操作：

① 安装 chrony。代码如下：

```
yum -y install chrony
```

② 修改配置文件。代码如下：

```
sed -i 's/server 0.CentOS.pool.ntp.org iburst/#server 0.CentOS.pool.ntp.org iburst/g' /etc/chrony.conf
sed -i 's/server 1.CentOS.pool.ntp.org iburst/#server 1.CentOS.pool.ntp.org iburst/g' /etc/chrony.conf
sed -i 's/server 2.CentOS.pool.ntp.org iburst/#server 2.CentOS.pool.ntp.org iburst/g' /etc/chrony.conf
sed -i 's/server 3.CentOS.pool.ntp.org iburst/server 10.0.0.130 iburst/g' /etc/chrony.conf
```

③ 设置开机自启。代码如下：

```
systemctl enable chronyd.service
```

④ 启动时间同步服务。代码如下：

```
systemctl restart chronyd.service
timedatectl set-ntp true
```

⑤ 验证。代码如下：

```
chronyc sources
```

结果如图 2-4-6 所示。

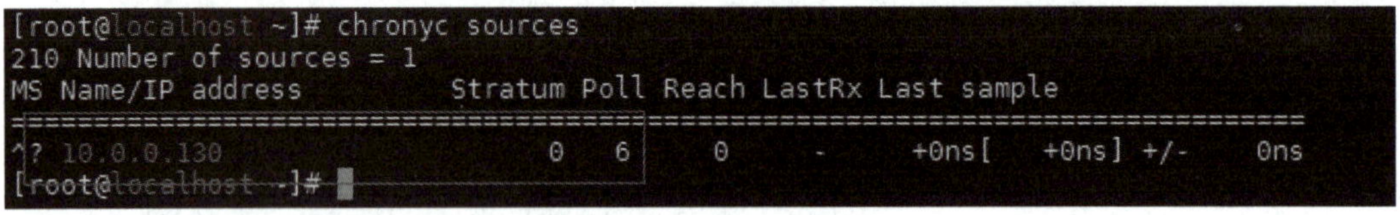

图 2-4-6　验证时间同步

(2) 主从双向复制配置。

在 master(10.0.0.130) 上进行以下操作：

① 修改 /etc/my.cnf。代码如下：

```
vi /etc/my.cnf
```

② 在 [mysqld] 下添加以下内容：

```
server-id = 11
log-bin=master-bin
log-slave-updates=true
relay-log=relay-log-bin
relay-log-index=slave-relay-bin.index
```

结果如图 2-4-7 所示。

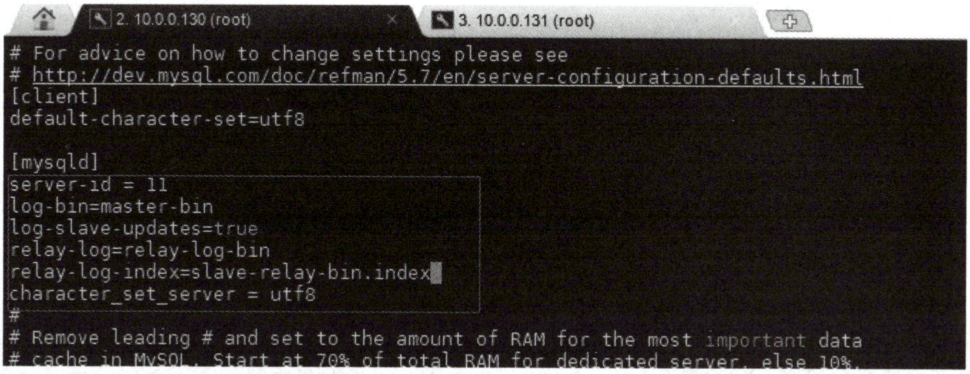


```
# For advice on how to change settings please see
# http://dev.mysql.com/doc/refman/5.7/en/server-configuration-defaults.html
[client]
default-character-set=utf8

[mysqld]
server-id = 11
log-bin=master-bin
log-slave-updates=true
relay-log=relay-log-bin
relay-log-index=slave-relay-bin.index
character_set_server = utf8
#
# Remove leading # and set to the amount of RAM for the most important data
# cache in MySQL. Start at 70% of total RAM for dedicated server, else 10%.
```

图 2-4-7　MySQL1 双向复制配置

③ 重启 MySQL 服务。代码如下：

```
systemctl restart mysqld.service
```

④ 登录 MySQL 程序，创建一个专门用于数据同步的用户 myslave，并授权。代码如下：

```
mysql -uroot -p'123456'
set global validate_password_policy=LOW;
set global validate_password_length=6;
GRANT REPLICATION SLAVE ON *.* TO 'myslave'@'%' IDENTIFIED BY '123456';
FLUSH PRIVILEGES;
```

⑤ 查看当前同步文件状态 (以下数据可用在 10.0.0.131 上)。代码如下：

```
show master status;
```

结果如图 2-4-8 所示。

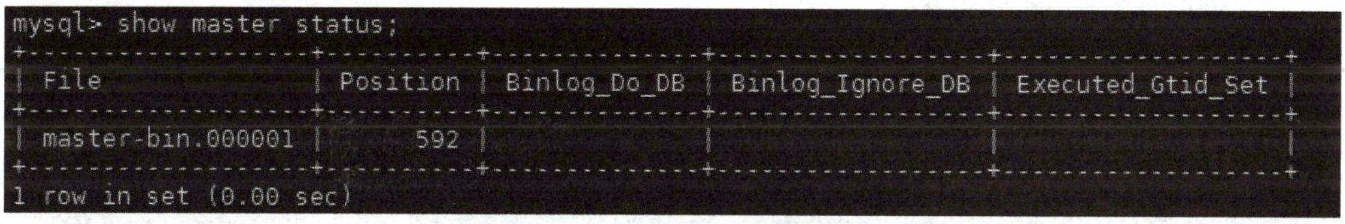

```
mysql> show master status;
+-------------------+----------+--------------+------------------+-------------------+
| File              | Position | Binlog_Do_DB | Binlog_Ignore_DB | Executed_Gtid_Set |
+-------------------+----------+--------------+------------------+-------------------+
| master-bin.000001 |      592 |              |                  |                   |
+-------------------+----------+--------------+------------------+-------------------+
1 row in set (0.00 sec)
```

图 2-4-8　MySQL1 同步文件状态

在 master(10.0.0.131) 上执行以下操作：

① 修改 /etc/my.cnf。代码如下：

```
vi /etc/my.cnf
```

② 在 [mysqld] 下添加以下内容：

```
server-id = 22
log-bin=master-bin
log-slave-updates=true
relay-log=relay-log-bin
relay-log-index=slave-relay-bin.index
```

③ 重启 MySQL 服务。代码如下：

```
systemctl restart mysqld.service
```

④ 登录 MySQL 程序，创建一个专门用于数据同步的用户 myslave，并授权。代码

如下：

```
mysql -uroot -p'123456'
set global validate_password_policy=LOW;
set global validate_password_length=6;
GRANT REPLICATION SLAVE ON *.* TO 'myslave'@'%' IDENTIFIED BY '123456';
FLUSH PRIVILEGES;
```

⑤ 查看当前同步文件状态 (以下数据在 10.0.0.130 上用得着)。代码如下：

```
show master status;
```

结果如图 2-4-9 所示。

```
mysql> show master status;
+--------------------+----------+--------------+------------------+-------------------+
| File               | Position | Binlog_Do_DB | Binlog_Ignore_DB | Executed_Gtid_Set |
+--------------------+----------+--------------+------------------+-------------------+
| master-bin.000001  |      592 |              |                  |                   |
+--------------------+----------+--------------+------------------+-------------------+
1 row in set (0.00 sec)
```

图 2-4-9　MySQL2 同步文件状态

⑥ 执行同步复制配置 (以下为一句语句，需五行一起执行)。代码如下：

```
change master to master_host='10.0.0.130',
master_user='myslave',
master_password='123456',
master_log_file='master-bin.000001',    # 这里要跟 130 查看到的 Slave 状态对应上
master_log_pos=592;                      # 这里要跟 130 查看到的 Slave 状态对应上
```

⑦ 启动同步。代码如下：

```
start slave;
```

⑧ 查看 slave 状态，确保以下两个值为 Yes。代码如下：

```
show slave status\G;
```

结果如图 2-4-10 所示。

```
mysql> show slave status\G;
*************************** 1. row ***************************
               Slave_IO_State: Waiting for master to send event
                  Master_Host: 10.0.0.130
                  Master_User: myslave
                  Master_Port: 3306
                Connect_Retry: 60
              Master_Log_File: master-bin.000001
          Read_Master_Log_Pos: 592
               Relay_Log_File: relay-log-bin.000002
                Relay_Log_Pos: 321
        Relay_Master_Log_File: master-bin.000001
             Slave_IO_Running: Yes
            Slave_SQL_Running: Yes
              Replicate_Do_DB:
          Replicate_Ignore_DB:
```

图 2-4-10　MySQL2 同步复制状态

⑨ 以下操作在 master(10.0.0.130) 执行：

```
change master to master_host='10.0.0.131',
master_user='myslave',
```

```
master_password='123456',
master_log_file='master-bin.000001',          # 这里要跟 131 查看到的 Slave 状态对应上
master_log_pos=592;                            # 这里要跟 131 查看到的 Slave 状态对应上
```

● 启动同步。代码如下：

```
start slave;
```

● 查看 slave 状态，确保以下两个值为 Yes。代码如下：

```
show slave status\G;
```

结果如图 2-4-11 所示。

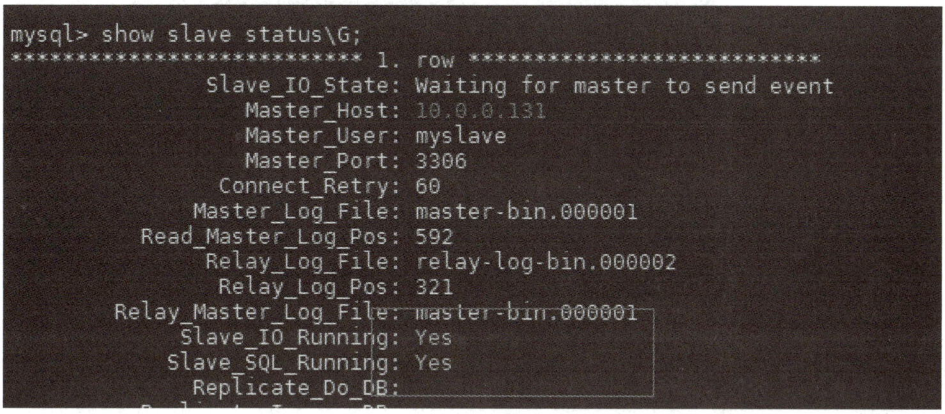

```
mysql> show slave status\G;
*************************** 1. row ***************************
               Slave_IO_State: Waiting for master to send event
                  Master_Host: 10.0.0.131
                  Master_User: myslave
                  Master_Port: 3306
                Connect_Retry: 60
              Master_Log_File: master-bin.000001
          Read_Master_Log_Pos: 592
               Relay_Log_File: relay-log-bin.000002
                Relay_Log_Pos: 321
        Relay_Master_Log_File: master-bin.000001
             Slave_IO_Running: Yes
            Slave_SQL_Running: Yes
              Replicate_Do_DB:
```

图 2-4-11 MySQL1 同步复制状态

(3) 双向同步复制验证。相关操作如下：

① 在 MySQL1(10.0.0.130) 上执行新建数据库。代码如下：

```
create database db_test0;
```

② 在 MySQL2(10.0.0.131) 上查看数据库情况。代码如下：

```
show databases;
```

结果如图 2-4-12 所示。

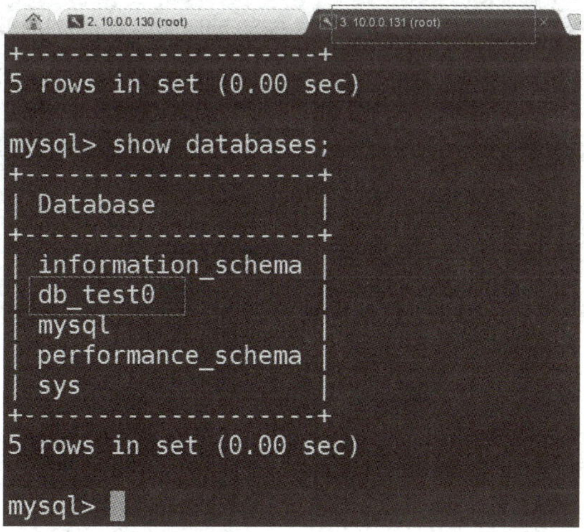

```
 2. 10.0.0.130 (root)          3. 10.0.0.131 (root)
+--------------------+
5 rows in set (0.00 sec)

mysql> show databases;
+--------------------+
| Database           |
+--------------------+
| information_schema |
| db_test0           |
| mysql              |
| performance_schema |
| sys                |
+--------------------+
5 rows in set (0.00 sec)

mysql>
```

图 2-4-12 同步复制验证 1

③ 在 MySQL2(10.0.0.131) 上执行新建数据库。代码如下：

```
create database db_test1;
```

④ 在 MySQL1(10.0.0.130) 上查看数据库情况。代码如下：

```
show databases;
```

结果如图 2-4-13 所示。

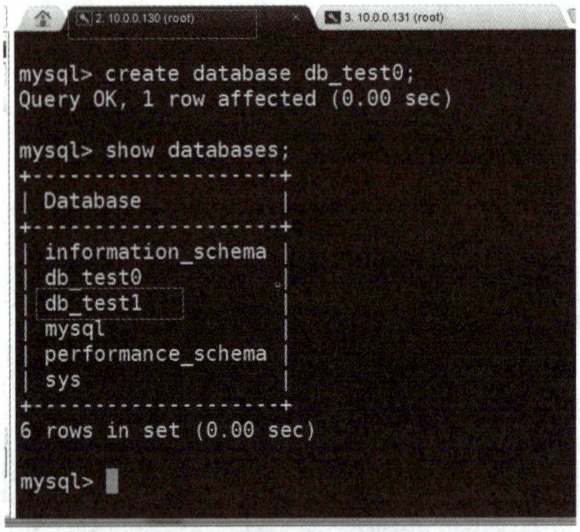

图 2-4-13　同步复制验证 2

⑤ 退出 MySQL。代码如下：

```
exit
```

⑥ 设置 MySQL 免密码登录 (MySQL1 和 MySQL2 都要设置)。代码如下：

```
mysql_config_editor set -G vml -S /var/lib/mysql/mysql.sock -u root -p
file /root/.mylogin.cnf
```

⑦ 验证。代码如下：

```
mysql --login-path=vml
```

结果如图 2-4-14 所示。

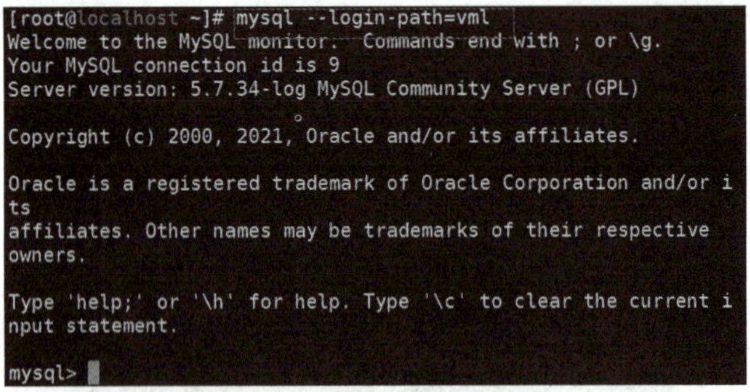

图 2-4-14　验证免密登录

⑧ 退出 MySQL。代码如下：

```
exit
```

步骤 4　数据库集群高可用配置。相关操作如下：

(1) 安装 keepalived 相关包 (MySQL1 和 MySQL2 都要安装)。代码如下：

```
yum install -y keepalived psmisc
```

(2) 配置 MySQL1(10.0.0.130)。具体操作如下：

① 复制 keepalived_mysql_MASTER.conf 到 /etc/keepalived 中并改名 keepalived.conf。

代码如下：

```
cp -u /home/soft/keepalived_mysql_BACKUP.conf /etc/keepalived/keepalived.conf
```

② 复制 mysql_check.sh,master.sh,stop.sh 到 /home/mysql 中。代码如下：

```
mkdir /home/mysql
cp /home/soft/mysql_check.sh /home/mysql/mysql_check.sh
cp /home/soft/master.sh /home/mysql/master.sh
cp /home/soft/stop.sh /home/mysql/stop.sh
```

③ 授权 mysql_check.sh,master.sh,stop.sh。代码如下：

```
chmod 775 /home/mysql/mysql_check.sh
chmod 775 /home/mysql/master.sh
chmod 775 /home/mysql/stop.sh
```

④ 启动 keepalived 服务。代码如下：

```
systemctl enable keepalived.service
service keepalived start
```

(3) 配置从 MySQL 服务器 (10.0.0.131)。具体操作如下：

① 复制 keepalived_mysql_BACKUP.conf 到 /etc/keepalived 中并改名 keepalived.conf。代码如下：

```
cp -u /home/soft/keepalived_mysql_BACKUP.conf /etc/keepalived/keepalived.conf
```

② 复制 mysql_check.sh,master.sh,stop.sh 到 /home/mysql 中。代码如下：

```
mkdir /home/mysql
cp /home/soft/mysql_check.sh /home/mysql/mysql_check.sh
cp /home/soft/master.sh /home/mysql/master.sh
cp /home/soft/stop.sh /home/mysql/stop.sh
```

③ 授权 mysql_check.sh,master.sh,stop.sh，代码如下：

```
chmod 775 /home/mysql/mysql_check.sh
chmod 775 /home/mysql/master.sh
chmod 775 /home/mysql/stop.sh
```

④ 启动 keepalived 服务。代码如下：

```
systemctl enable keepalived.service
service keepalived start
```

⑤ 验证高可用。代码如下：

```
ip a
```

MySQL1 或 MySQL2 其中一台出现虚拟 IP(10.0.0.150)，如图 2-4-15 所示。

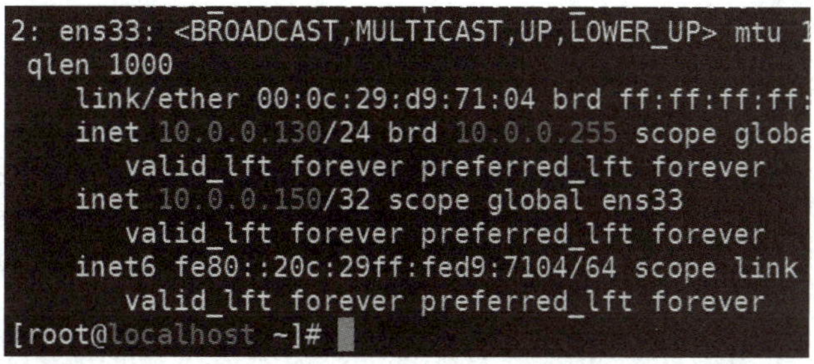

图 2-4-15　验证高可用功能

步骤 5　建库建表。在 MySQL1 或者 MySQL2 为 MobileShop 项目建库建表。相关操作如下：

(1) 在 MySQL1 上建 mobileshop 用户。代码如下：

```
mysql -uroot -p'123456'
set global validate_password_policy=LOW;
set global validate_password_length=6;
GRANT ALL PRIVILEGES ON mobileshop.* TO 'mobileshop'@'localhost' IDENTIFIED BY
'123456';
GRANT ALL PRIVILEGES ON mobileshop.* TO 'mobileshop'@'%' IDENTIFIED BY '123456';
```

(2) 验证。查看用户是否创建，代码如下：

```
use mysql;
select host,user from user;
```

能看到有 mobileshop 用户，如图 2-4-16 所示。

(3) 退出 MySQL，换用户登录。代码如下：

```
exit;
```

(4) 在 MySQL1 上建 mobileshop 库。代码如下：

```
mysql -umobileshop  -p'123456'
CREATE DATABASE mobileshop;
```

(5) 验证。代码如下：

```
show databases;
```

能看到 mobileshop 库已创建，如图 2-4-17 所示。

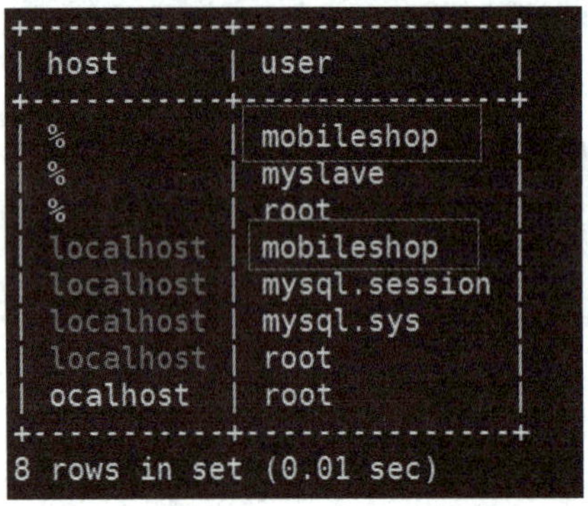

图 2-4-16　查看创建的用户

图 2-4-17　查看创建的数据库

(6) 在 MySQL1 上建 ms_member 表。代码如下：

```
use mobileshop;
DROP TABLE IF EXISTS `ms_member`;
CREATE TABLE `ms_member` (
  `member_id` int(11) NOT NULL AUTO_INCREMENT,
  `uname` varchar(255) CHARACTER SET utf8 COLLATE utf8_general_ci NULL DEFAULT
NULL,
  `password` varchar(255) CHARACTER SET utf8 COLLATE utf8_general_ci NULL DEFAULT
NULL,
  `email` varchar(255) CHARACTER SET utf8 COLLATE utf8_general_ci NULL DEFAULT NULL,
  `sex` varchar(255) CHARACTER SET utf8 COLLATE utf8_general_ci NULL DEFAULT NULL,
  `mobile` varchar(255) CHARACTER SET utf8 COLLATE utf8_general_ci NULL DEFAULT
NULL,
```

```
    `regtime` datetime(0) NULL DEFAULT NULL,
    `lastlogin` varchar(255) CHARACTER SET utf8 COLLATE utf8_general_ci NULL DEFAULT
NULL,
    `image` varchar(255) CHARACTER SET utf8 COLLATE utf8_general_ci NULL DEFAULT NULL,
    PRIMARY KEY (`member_id`) USING BTREE
) ENGINE = InnoDB AUTO_INCREMENT = 1 CHARACTER SET = utf8 COLLATE = utf8_
general_ci ROW_FORMAT = Dynamic;
    SET FOREIGN_KEY_CHECKS = 1;
```

(7) 验证。代码如下：

```
show tables;
```

能看到有 ms_member 已创建，如图 2-4-18 所示。

(8) 退出 MySQL。代码如下：

```
exit;
```

```
mysql> show tables;
+----------------------+
| Tables_in_mobileshop |
+----------------------+
| ms_member            |
+----------------------+
1 row in set (0.00 sec)
```

图 2-4-18　查看创建的数据表

评价反馈

1. 学生自评

评分项	分　值	作答要求	评审规定	得　分
获取信息	2	问题回答清晰准确，能够紧扣主题，没有明显错误项	对照标准答案，错一项扣0.5 分，扣完为止	
工作计划	3	工作计划优秀可实施，没有任何细节错误	对照标准答案，错一项扣0.5 分，扣完为止	
工作实施	4	有具体配置图例，各设备配置清晰正确	未能按工作要求实施，每次扣 1 分，扣完为止	
其他	1	工作过程中能够做到认真仔细，科学严谨	出现消极表现，每次扣0.5 分，扣完为止	
综合评价及得分				

2. 学生互评

评分项	分　值	作答要求	评审规定	得　分
获取信息	2	问题回答清晰准确，能够紧扣主题，没有明显错误项	对照标准答案，错一项扣0.5 分，扣完为止	
工作计划	3	工作计划优秀可实施，没有任何细节错误	对照标准答案，错一项扣0.5 分，扣完为止	
工作实施	4	有具体配置图例，各设备配置清晰正确	未能按工作要求实施，每次扣 1 分，扣完为止	
其他	1	工作过程中能够做到认真仔细，科学严谨	出现消极表现，每次扣0.5 分，扣完为止	
综合评价及得分				

3. 教师评价

评分项	分值	作答要求	评审规定	得分
任务准备	3	学生对任务目标清晰，能够做好充分的准备工作	对照准备工作项，未完成一项扣 0.5 分，扣完为止	
任务实施	4	有具体配置图例，各设备配置清晰正确	未能按工作要求实施，每次扣 1 分，扣完为止	
团队合作	2	学生能相互帮助，团结协作	组员之间产生分歧未能及时化解，每次扣 0.5 分，扣完为止	
其他	1	学生在工作过程中能够做到认真仔细，科学严谨	出现消极表现，每次扣 0.5 分，扣完为止	
综合评价及得分				

知识链接

1. 常用的数据库及其选型

常见的关系型数据库有 MySQL、SQL Server、Oracle、Sybase、DB2 等。关系型数据库是目前最受欢迎的数据库管理系统，其技术比较成熟。

1) MySQL

MySQL 是目前最受欢迎的开源 SQL 数据库管理系统，与其他的大型数据库 Oracle、DB2、SQL Server 等相比，MySQL 虽然有它的不足之处，但丝毫也没有减少它受欢迎的程度。对于个人或中小型企业来说，MySQL 的功能已经够用了，MySQL 又是开源软件，因此没有必要花大精力和大价钱去使用大型付费数据库管理系统了。MySQL 的特点如下：

(1) MySQL 是开源免费的；

(2) MySQL 服务器是可靠的、易于使用的、快速的；

(3) MySQL 服务器工作在客户 / 服务器或嵌入系统中；

(4) MySQL 软件很多；

(5) MySQL 是一个关系数据库管理系统。

2) SQL Server

SQL Server 是由微软公司开发的关系型数据库管理系统，一般用于在 Web 上存储数据。SQL Server 提供了众多功能，如对 XML 和 Internet 标准的丰富支持，通过 Web 对数据轻松安全地访问，具有灵活的、安全的、基于 Web 的应用程序管理，以及界面容易操作等特点，因此 SQL Server 受到广大用户的喜爱。

3) Oracle

Oracle 在数据库领域一直处于领先地位，其技术先进且不断更新，使得 Oracle 产品覆盖范围甚广，目前已成为世界上使用最广泛的关系型数据库管理系统之一。它拥有以下完整的数据管理功能：数据的大量性、数据保存的持久性、数据的共享性、数据的可靠性。

4) Sybase

Sybase 美国 Sybase 公司研制的一种关系型数据库管理系统，是一种典型的 UNIX 或 Windows NT 平台上客户机 / 服务器环境下的大型数据库管理系统。它具有客户 / 服务器体系结构，是真正开放的、高性能的数据库管理系统。

5) DB2

DB2 是美国 IBM 公司开发的一套关系型数据库管理系统，主要应用于大型应用系统，具有较好的可伸缩性。

2. MySQL 主从同步复制的配置

对 MySQL 配置主从同步复制能实现读写分离，以分担数据库的压力。所有的数据库插入、修改等写入操作在主库进行，所有的数据查询等读取操作在从库进行，这样就分担了单一数据库的运行压力。

任务 2.5　Web 应用部署与高可用综合验证

任 务 简 介			
任务名称	Web 应用部署与高可用综合验证	所属课程	移动互联系统运维技术
前序任务	MySQL + keepalived 高可用数据库搭建	课时规划	4 学时
实施方式	实际操作	考核方式	操作演示
考核点	MobileShop 项目部署、高可用功能校验		
任务简介	将 MobileShop 项目部署到 Web 高性能集群，并充分验证高可用功能		
设备环境	VMware 虚拟仿真软件		
教学方法	采用手把手的教学方法，通过操作训练引导学生掌握服务器设备部署的相关职业技能，同时通过讲解和演示的方式培养学生相关的职业素养		
实施人员信息			
姓　名		班　级		学　号		电　话	
隶属组		组　长		岗位分工		伙伴成员	

获取信息

引导问题 1：tomcat 部署项目要部署到什么地方？

_____

_____

_____

引导问题 2：如何验证项目部署成功？

_____

_____

_____

引导问题 3：测试有哪些类别？

_____

_____

_____

_____

小提示

要验证项目部署成功，可以执行以下步骤：

(1) 访问应用程序：尝试通过浏览器或其他客户端工具访问部署的应用程序，确保能够正常打开应用程序的主页或登录页面。

(2) 测试功能：对应用程序的各项功能进行测试，包括用户注册、登录、数据查询、数据提交等，确保功能正常运行，并且没有错误或异常。

(3) 数据库连接：如果应用程序使用数据库，那么就要确保应用程序能够成功连接到数据库，并且能够读取和写入数据。

(4) 静态资源访问：如果应用程序包含静态资源 (如图片、CSS 文件、JavaScript 文件等)，那么就要确保这些静态资源能够被正确加载和显示。

(5) 日志和错误处理：检查应用程序的日志文件，查看是否有错误或异常信息，确保应用程序能够正确处理错误，并记录相关日志。

(6) 性能测试：使用性能测试工具对应用程序进行负载测试，模拟多个并发用户访问应用程序，观察系统的响应时间和吞吐量，确保应用程序能够在预期的负载下正常运行。

(7) 监控和报警：设置监控系统，监测应用程序的运行状态和性能指标，确保能够及时发现和解决潜在的问题，并设置报警机制，以便在出现异常情况时及时通知相关人员。

(8) 用户反馈：与最终用户或测试人员进行沟通，收集他们的反馈和意见，确保用户能够正常使用应用程序，并满足其需求。

通过以上步骤的验证，可以确保项目部署成功，并且应用程序能够正常运行和提供所需的功能。

工作计划

1. 工作准备

为了便于完成本任务，首先要下载 Jmeter 软件，并熟悉 Jmeter 软件的使用；其次要了解测试用例的编写方法，编写好测试用例，为验证做准备；最后要掌握应用部署的流程，验证方法等。

2. 列出软件和工具清单

试写出本任务可能涉及的软件和工具，并将它们的版本和功能填入表 2-5-1 中。

表 2-5-1　软件 / 工具清单

软件 / 工具	版　本	功　能

进行决策

【进行决策】

根据计算机环境和实操前的工作准备，决定软件版本和实操流程。

_____

_____

_____

_____

工作实施

1. 实施要求或注意事项

引导问题 1：如何对高可用功能进行测试？

_____

_____

_____

_____

引导问题 2：如何编写测试报告？

_____

_____

_____

_____

引导问题 3：通过测试，你学习到了什么技能？

_____

_____

_____

_____

2. 实施步骤

为了完成本任务，可以参考以下的步骤进行操作。

步骤 1　部署 MobileShop 项目 (Web1 和 Web2 都要操作！)。具体操作如下：

(1) 打开负载均衡主机、负载均衡从机、Web1、Web2、MySQL1 和 MySQL2。

(2) 将 MobileShop 项目复制到 webapps 目录。相关代码如下：

```
cp /home/soft/MobileShop.war /usr/local/tomcat/apache-tomcat-7.0.96/webapps
```

(3) 切换到 webapps，查看部署情况。相关代码如下：

```
cd /usr/local/tomcat/apache-tomcat-7.0.96/webapps
ll
```

结果如图 2-5-1 所示，生成 MobileShop 目录。

```
[root@localhost webapps]# ll
总用量 19340
drwxr-xr-x 14 root root      4096 3月  13 09:35 docs
drwxr-xr-x  7 root root       111 3月  13 09:35 examples
drwxr-xr-x  5 root root        87 3月  13 09:35 host-manager
drwxr-xr-x  5 root root       103 3月  13 09:35 manager
drwxr-xr-x  9 root root      4096 4月  26 15:43 MobileShop
-rw-r--r--  1 root root 19795887 4月  26 15:43 MobileShop.war
drwxr-xr-x  3 root root       327 3月  13 09:43 ROOT
[root@localhost webapps]#
```

图 2-5-1　生成 MobilShop 目录

(4) 修改数据库配置文件 db.properties。相关代码如下：

```
cd /usr/local/tomcat/apache-tomcat-7.0.96/webapps
vi MobileShop/WEB-INF/classes/db.properties
```

将文件里的 10.0.0.101 改成 10.0.0.150，如图 2-5-2 所示。

```
driver=com.mysql.jdbc.Driver
url=jdbc:mysql://10.0.0.150:3306/mobileshop?useUnicode=true&characterEncoding=UTF-8
user=mobileshop
pwd=123456
```

图 2-5-2　修改数据库配置文件 db.properties

(5) 重启 tomcat。相关代码如下：

```
/usr/local/tomcat/apache-tomcat-7.0.96/bin/shutdown.sh
/usr/local/tomcat/apache-tomcat-7.0.96/bin/startup.sh
```

结果如图 2-5-3 所示。

图 2-5-3　重启 tomcat

步骤 2　综合测试。具体操作如下：

(1) 把 6 台服务器全部打开。在浏览器中输入 http://10.0.0.200/MobileShop/register.html，在打开的页面中进行注册，注册成功的界面如图 2-5-4 所示。

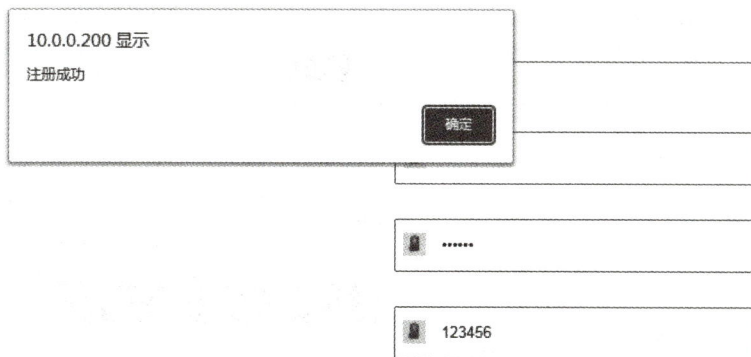

图 2-5-4　注册成功

跳转到登录界面，可以正常登录，如图 2-5-5 所示。

图 2-5-5　登录成功

(2) 关闭主负载均衡，重新登录，显示登录成功，如图 2-5-6 所示。

图 2-5-6　测试负载均衡集群登录成功

(3) 关闭 Web1，重新登录，显示登录成功，如图 2-5-7 所示。

http://10.0.0.200/MobileShop/index.html　　　　　　　　　　　　　　On 🗲 ···

欢迎您,123456 □修改密码 □退出

图 2-5-7　测试 Web 集群登录成功

(4) 关闭 MySQL1，重新登录，显示登录成功，如图 2-5-8 所示。

http://10.0.0.200/MobileShop/index.html　　　　　　　　　　　　　　On 🗲 ···

欢迎您,123456 □修改密码 □退出

图 2-5-8　数据库集群测试登录成功

(5) 关闭 MySQL2，重新登录，提示登录异常，多次单击"登录"按钮，依然显示异常，如图 2-5-9 所示。

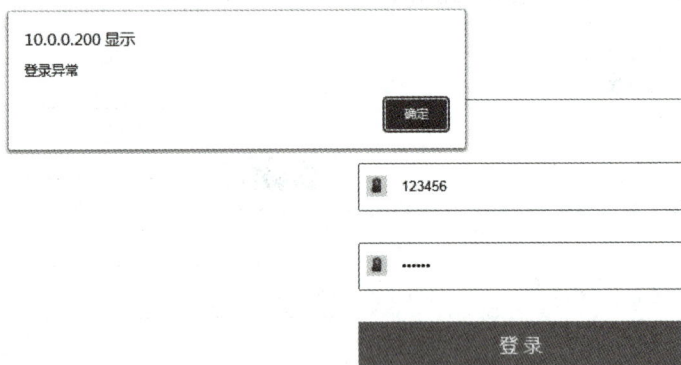

10.0.0.200 显示

登录异常

确定

🔒 123456

🔒 ······

登录

图 2-5-9　登录异常

(6) 关闭 Web2，刷新页面，nginx 报异常，如图 2-5-10 所示。

An error occurred.

Sorry, the page you are looking for is currently unavailable.
Please try again later.

If you are the system administrator of this resource then you should check the error log for details.

Faithfully yours, nginx.

图 2-5-10　nginx 报异常

(7) 关闭从负载均衡，刷新页面，无法打开网页，如图 2-5-11 所示。

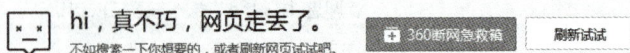

😐 **hi，真不巧，网页走丢了。**
不如搜索一下你想要的，或者刷新网页试试吧。　　　　🔲 360断网急救箱　　刷新试试

图 2-5-11　无法打开网页

评价反馈

1. 学生自评

评分项	分值	作答要求	评审规定	得分
获取信息	2	问题回答清晰准确，能够紧扣主题，没有明显错误项	对照标准答案，错一项扣0.5分，扣完为止	
工作计划	3	工作计划优秀可实施，没有任何细节错误	对照标准答案，错一项扣0.5分，扣完为止	
工作实施	4	有具体配置图例，各设备配置清晰正确	未能按工作要求实施，每次扣1分，扣完为止	
其他	1	工作过程中能够做到认真仔细，科学严谨	出现消极表现，每次扣0.5分，扣完为止	
综合评价及得分				

2. 学生互评

评分项	分值	作答要求	评审规定	得分
获取信息	2	问题回答清晰准确，能够紧扣主题，没有明显错误项	对照标准答案，错一项扣0.5分，扣完为止	
工作计划	3	工作计划优秀可实施，没有任何细节错误	对照标准答案，错一项扣0.5分，扣完为止	
工作实施	4	有具体配置图例，各设备配置清晰正确	未能按工作要求实施，每次扣1分，扣完为止	
其他	1	工作过程中能够做到认真仔细，科学严谨	出现消极表现，每次扣0.5分，扣完为止	
综合评价及得分				

3. 教师评价

评分项	分值	作答要求	评审规定	得分
任务准备	3	学生对任务目标清晰，能够做好充分的准备工作	对照准备工作项，未完成一项扣0.5分，扣完为止	
任务实施	4	有具体配置图例，各设备配置清晰正确	未能按工作要求实施，每次扣1分，扣完为止	
团队合作	2	学生能相互帮助，团结协作	组员之间产生分歧未能及时化解，每次扣0.5分，扣完为止	
其他	1	学生在工作过程中能够做到认真仔细，科学严谨	出现消极表现，每次扣0.5分，扣完为止	
综合评价及得分				

知识链接

1. 测试流程

测试流程主要分为三部分：故障注入、故障检测和故障恢复。

2. 测试的常见类型

(1) 按测试阶段划分，测试可分为单元测试、集成测试 (开发和测试员都可以做，接口测试划分在集成测试中)、系统测试 (整体的一个测试，不是安卓、苹果系统) 和验收测试 (正式验收测试、Alpha 测试、Beta 测试游戏内测、预发布版本、公测)。

(2) 按测试技术划分，测试可分为白盒测试 (代码级别)、黑盒测试 (通过外部操作和表面反应来发现) 和灰盒测试。

(3) 按测试包含的内容划分，测试可分为功能测试 (点点点)、界面测试 (U 界面)、安全测试、兼容性测试、易用性测试 (是否容易上手)、性能测试、压力测试、负载均衡测试和恢复测试 (灾备、自我修复)。

(4) 其他测试包括冒烟测试 (版本发布之前主干测试 , 在真正测试之前)、回归测试 (验证测试修复好的 Bug 及其相关功能是否正常、怎样确定回归测试范围)、探索性测试 (测试思维) 和随机测试。

项目 3　自动运维技术

<table>
<tr><td colspan="4" align="center">项 目 简 介</td></tr>
<tr><td>任务名称</td><td>自动运维技术</td><td>所属课程</td><td>移动互联系统运维技术</td></tr>
<tr><td>前序任务</td><td>集群服务器部署</td><td>课时规划</td><td>12 学时</td></tr>
<tr><td>实施方式</td><td>实际操作</td><td>考核方式</td><td>操作演示</td></tr>
<tr><td>考核点</td><td colspan="3">使用 cobbler 进行系统自动部署、使用 ansible 进行自动配置、使用 zabbix 进行自动监控、综合 cobbler+ansible+zabbix 实现自动化运维</td></tr>
<tr><td>任务简介</td><td colspan="3">使用 Linux 系统实现 cobbler 自动部署、ansible 自动配置、zabbix 进行自动监控、综合 cobbler+ansible+zabbix 实现自动化运维</td></tr>
<tr><td>设备环境</td><td colspan="3">VMware 虚拟仿真软件</td></tr>
<tr><td>教学方法</td><td colspan="3">采用手把手的教学方法，通过操作训练引导学生掌握服务器设备部署的相关职业技能，同时通过讲解和演示的方式培养学生相关的职业素养</td></tr>
<tr><td colspan="4" align="center">实施人员信息</td></tr>
<tr><td>姓　名</td><td>班　级</td><td>学　号</td><td>电　话</td></tr>
<tr><td>隶属组</td><td>组　长</td><td>岗位分工</td><td>伙伴成员</td></tr>
</table>

学习情境描述

　　近期有一个 Web 应用业务需要上线，预计短时间内会有几百台服务器要上线，但是要部署几百台服务器，运维部有限的人手根本不够，怎么办？

　　依靠传统的运维显然不能快速有效地解决问题，解决方案就是本项目中重点要讲的自动化运维。自动化运维是指采取自动化安装、配置及监控的方案，在最少的人工干预下，利用脚本与第三方工具，保证业务系统 7×24 小时高效稳定地运行。

学习目标

1. 知识目标

(1) 了解运维自动化的概念。

(2) 了解运维自动化的常用工具。

(3) 理解运维、自动化、安装、部署和监控等概念。

2. 能力目标

(1) 掌握 cobbler、ansible 及 zabbix 的安装和配置。

(2) 掌握 cobbler 的自定义安装系统功能。

(3) 掌握 ansible 常用模块的使用。

(4) 掌握 zabbix 报警功能的使用。

(5) 能够独立进行错误定位和运维排错。

3. 素质目标

(1) 培养良好的编程习惯和职业素养，以及负责的工作态度。

(2) 培养敢于质疑、不懂就问的良好素养。

(3) 开阔视野，承担新一代信息化建设的责任。

(4) 培养艰苦朴素的品质，遇到问题迎难而上。

任务书

1. 任务描述

使用 Linux 系统实现 cobbler 自动化部署、ansible 自动化配置、zabbix 自动化监控，并综合 cobbler+ansible+zabbix 实现自动化运维。

2. 任务要求

(1) 正确安装、配置和使用 cobbler。

(2) 正确安装、配置和使用 ansible。

(3) 正确安装、配置和使用 zabbix。

(4) 正确综合 cobbler+ansible+zabbix 实现自动化运维。

任务分组

按照以上的任务描述和任务要求，学生自由进行分组，分别完成不同的任务。比如队员 1 进行理论知识收集，队员 2 进行操作，队员 3 对完成结果进行检查复核，将分组情况填入表 3-0-1 中。

表 3-0-1　学生任务分配表

班　级		组　号		指导老师	
组　长		学　号			
组　员	姓　名	学　号	姓　名		学　号
任务分工					

任务 3.1 使用 cobbler 进行系统自动化安装

任务简介			
任务名称	使用 cobbler 进行系统自动化安装	所属课程	移动互联系统运维技术
前序任务	无	课时规划	4 学时
实施方式	实际操作	考核方式	操作演示
考核点	Linux 系统中 cobbler 的安装、配置、验证		
任务简介	在 Linux 系统中安装 cobbler 软件，并正确配置 cobbler，然后使用 cobbler 实现远程无人值守安装 CentOS 7 系统		
设备环境	CentOS 7.4 系统		
教学方法	采用手把手的教学方法，通过操作训练引导学生掌握服务器设备部署的相关职业技能，同时通过讲解和演示的方式培养学生相关的职业素养		
实施人员信息			
姓　名		班　级		学　号		电　话	
隶属组		组　长		岗位分工		伙伴成员	

获取信息

引导问题 1：数据中心动辄有几百乃至上千台主机，如何快速进行系统的安装？

_____

_____

_____

引导问题 2：自动化部署工具有哪些？

_____

_____

_____

引导问题 3：如何选择合适的自动化部署工具？

_____

_____

_____

引导问题 4：cobbler 支持哪些系统的安装？

_____

_____

_____

▋小提示

　　服务器系统的部署是一件单一且重复性较高的工作，那么应该如何避免"重复造轮子"？本节主要介绍 cobbler 及其部署实践，通过配置 Kickstart 的无人值守安装方式，采用 PXE 启动方式，实现通过网络就可以在服务器上自动部署系统的目的。

工作计划

1. 工作准备

　　为了便于完成本任务，首先下载配套的资料；其次需要查找资料，熟悉 cobbler 软件，了解 cobbler 软件的版本、安装流程、工作原理等，掌握 cobbler 软件的简单配置。

2. 列出软件和工具清单

　　试写出本任务可能涉及的软件和工具，并将它们的版本和功能填入表 3-1-1 中。

表 3-1-1　软件 / 工具清单

软件 / 工具	版　本	功　能

进行决策

　　根据计算机环境和实操前的工作准备，决定软件版本和实操流程。

_____

_____

_____

_____

_____

工作实施

1. 实施要求或注意事项

引导问题 1：人工安装系统的过程是怎样的？

_____

_____

_____

_____

引导问题 2：cobbler 执行的过程是什么样的？试概述其流程。

_____

_____

_____

_____

引导问题 3：使用 cobbler 能不能定制系统软件？

_____

_____

_____

_____

2. 实施步骤

为了完成本任务，可以参考以下的步骤进行操作。

步骤 1　环境准备。具体操作如下：

(1) 需要先准备 1 台服务器，这台服务器系统是 CentOS 7，安装选择基础服务器，并且要能连接外网。相关代码如下：

```
ifconfig
```

① 使用命令 ping www.baidu.com 确保系统能正常联网。

② 使用连接工具把实验用到的软件全部上传到 /home/soft 目录下，如图 3-1-1 所示。

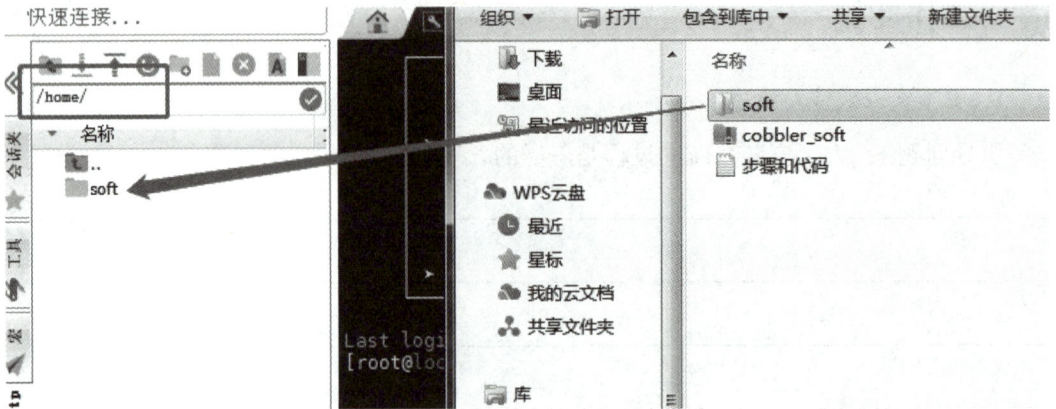

图 3-1-1　上传配套软件包

(2) 搭建 yum 仓库。相关代码如下：

```
mkdir /yum
tar zxvf /home/soft/yum_repo.tar.gz -C /yum
cp /home/soft/local-repo.repo  /etc/yum.repos.d/local-repo.repo        # 复制本地源
yum clean all                                                          # 清除缓存
yum makecache
```

运行代码，结果显示 yum 源搭建成功，如图 3-1-2 所示。

图 3-1-2　yum 源搭建成功

(3) 关闭防火墙与 SELinux。相关代码如下：

```
systemctl stop firewalld.service
systemctl disable firewalld.service
getenforce
setenforce 0
getenforce
```

步骤 2　安装 cobbler。具体操作如下：

(1) 搭建 cobbler 运行环境，安装所需支持包。相关代码如下：

```
yum -y install cobbler cobbler-web dhcp pykickstart httpd tftp-server xinetd
```

安装完成，如图 3-1-3 所示。

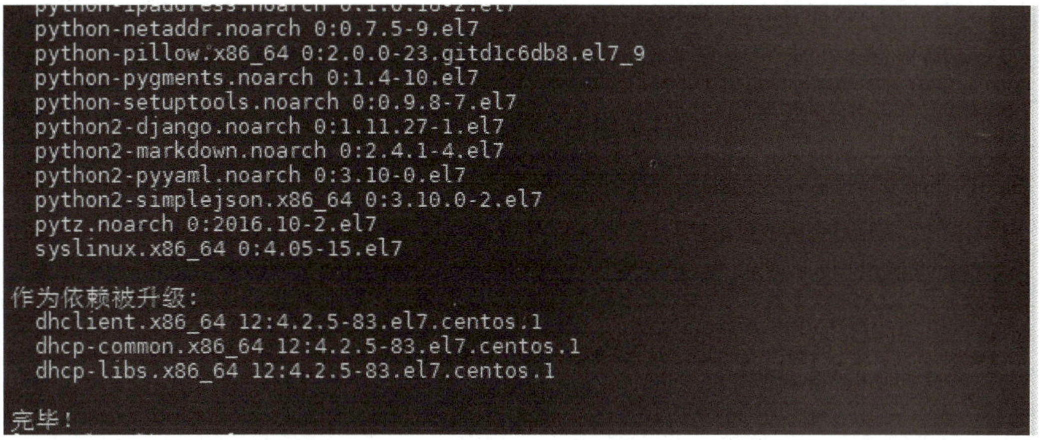

```
python-ipaddress.noarch 0:1.0.16-2.el7
python-netaddr.noarch 0:0.7.5-9.el7
python-pillow.x86_64 0:2.0.0-23.gitd1c6db8.el7_9
python-pygments.noarch 0:1.4-10.el7
python-setuptools.noarch 0:0.9.8-7.el7
python2-django.noarch 0:1.11.27-1.el7
python2-markdown.noarch 0:2.4.1-4.el7
python2-pyyaml.noarch 0:3.10-0.el7
python2-simplejson.x86_64 0:3.10.0-2.el7
pytz.noarch 0:2016.10-2.el7
syslinux.x86_64 0:4.05-15.el7

作为依赖被升级:
  dhclient.x86_64 12:4.2.5-83.el7.centos.1
  dhcp-common.x86_64 12:4.2.5-83.el7.centos.1
  dhcp-libs.x86_64 12:4.2.5-83.el7.centos.1

完毕!
```

图 3-1-3　cobbler 安装成功

(2) 启动 cobbler。相关代码如下:

```
systemctl start cobblerd.service
systemctl start httpd.service
```

步骤 3　配置 cobbler。具体操作如下:

(1) 检查存在的问题。相关代码如下:

```
cobbler check
```

cobbler 存在的问题如图 3-1-4 所示。

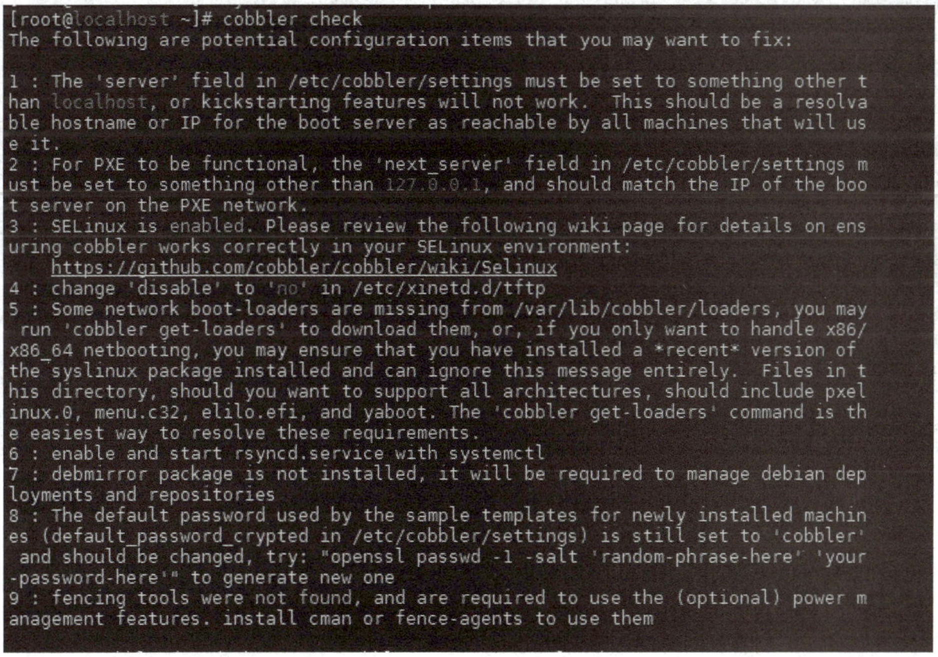

```
[root@localhost ~]# cobbler check
The following are potential configuration items that you may want to fix:

1 : The 'server' field in /etc/cobbler/settings must be set to something other t
han localhost, or kickstarting features will not work.  This should be a resolva
ble hostname or IP for the boot server as reachable by all machines that will us
e it.
2 : For PXE to be functional, the 'next_server' field in /etc/cobbler/settings m
ust be set to something other than 127.0.0.1, and should match the IP of the boo
t server on the PXE network.
3 : SELinux is enabled. Please review the following wiki page for details on ens
uring cobbler works correctly in your SELinux environment:
    https://github.com/cobbler/cobbler/wiki/Selinux
4 : change 'disable' to 'no' in /etc/xinetd.d/tftp
5 : Some network boot-loaders are missing from /var/lib/cobbler/loaders, you may
 run 'cobbler get-loaders' to download them, or, if you only want to handle x86/
x86_64 netbooting, you may ensure that you have installed a *recent* version of
the syslinux package installed and can ignore this message entirely.  Files in t
his directory, should you want to support all architectures, should include pxel
inux.0, menu.c32, elilo.efi, and yaboot. The 'cobbler get-loaders' command is th
e easiest way to resolve these requirements.
6 : enable and start rsyncd.service with systemctl
7 : debmirror package is not installed, it will be required to manage debian dep
loyments and repositories
8 : The default password used by the sample templates for newly installed machin
es (default_password_crypted in /etc/cobbler/settings) is still set to 'cobbler'
 and should be changed, try: "openssl passwd -1 -salt 'random-phrase-here' 'your
-password-here'" to generate new one
9 : fencing tools were not found, and are required to use the (optional) power m
anagement features. install cman or fence-agents to use them
```

图 3-1-4　cobbler 存在的问题

接下来针对 cobbler 存在的问题一一进行解决。

(2) 备份并修改 settings。相关代码如下:

```
cp /etc/cobbler/settings{,.ori}
vi /etc/cobbler/settings
next_server: 192.168.145.200                    #( 本机 IP)
server: 192.168.145.200                         #( 本机 IP)
manage_dhcp: 1
pxe_just_once: 1
```

(3) 修改 tftp。相关代码如下：

```
vi /etc/xinetd.d/tftp
disable = no
```

(4) 启动同步。相关代码如下：

```
systemctl start rsyncd
```

(5) 第 2 次检查。相关代码如下：

```
cobbler check
```

结果如图 3-1-5 所示。

```
Restart cobblerd and then run 'cobbler sync' to apply changes.
[root@localhost ~]# cobbler check
The following are potential configuration items that you may want to fix:

1 : The 'server' field in /etc/cobbler/settings must be set to something other t
han localhost, or kickstarting features will not work.  This should be a resolva
ble hostname or IP for the boot server as reachable by all machines that will us
e it.
2 : For PXE to be functional, the 'next_server' field in /etc/cobbler/settings m
ust be set to something other than 127.0.0.1, and should match the IP of the boo
t server on the PXE network.
3 : SELinux is enabled. Please review the following wiki page for details on ens
uring cobbler works correctly in your SELinux environment:
    https://github.com/cobbler/cobbler/wiki/Selinux
4 : Some network boot-loaders are missing from /var/lib/cobbler/loaders, you may
 run 'cobbler get-loaders' to download them, or, if you only want to handle x86/
x86_64 netbooting, you may ensure that you have installed a *recent* version of
the syslinux package installed and can ignore this message entirely.  Files in t
his directory, should you want to support all architectures, should include pxel
inux.0, menu.c32, elilo.efi, and yaboot. The 'cobbler get-loaders' command is th
e easiest way to resolve these requirements.
5 : enable and start rsyncd.service with systemctl
6 : debmirror package is not installed, it will be required to manage debian dep
loyments and repositories
7 : The default password used by the sample templates for newly installed machin
es (default_password_crypted in /etc/cobbler/settings) is still set to 'cobbler'
 and should be changed, try: "openssl passwd -1 -salt 'random-phrase-here' 'your
-password-here'" to generate new one
8 : fencing tools were not found, and are required to use the (optional) power m
anagement features. install cman or fence-agents to use them

Restart cobblerd and then run 'cobbler sync' to apply changes.
```

图 3-1-5　第 2 次检查后 cobbler 存在的问题

(6) 安装必要软件。相关代码如下：

```
yum update -y nss curl libcurl
yum -y install sysLinux
```

(7) 复制配置文件。相关代码如下：

```
cp  /home/soft/README /var/lib/cobbler/loaders/README
cp  /home/soft/COPYING.elilo /var/lib/cobbler/loaders/COPYING.elilo
cp  /home/soft/COPYING.yaboot /var/lib/cobbler/loaders/COPYING.yaboot
cp  /home/soft/COPYING.sysLinux /var/lib/cobbler/loaders/COPYING.sysLinux
```

```
cp /home/soft/elilo-ia64.efi /var/lib/cobbler/loaders/elilo-ia64.efi
cp /home/soft/yaboot /var/lib/cobbler/loaders/yaboot
cp /home/soft/pxeLinux.0 /var/lib/cobbler/loaders/pxeLinux.0
cp /home/soft/menu.c32 /var/lib/cobbler/loaders/menu.c32
cp /home/soft/grub-x86.efi /var/lib/cobbler/loaders/grub-x86.efi
cp /home/soft/grub-x86_64.efi /var/lib/cobbler/loaders/grub-x86_64.efi
```

(8) 重启 cobbler 使配置生效。相关代码如下：

```
systemctl restart cobblerd
```

(9) 对配置文件进行验证。相关代码如下：

```
cobbler validateks
```

结果如图 3-1-6 所示。

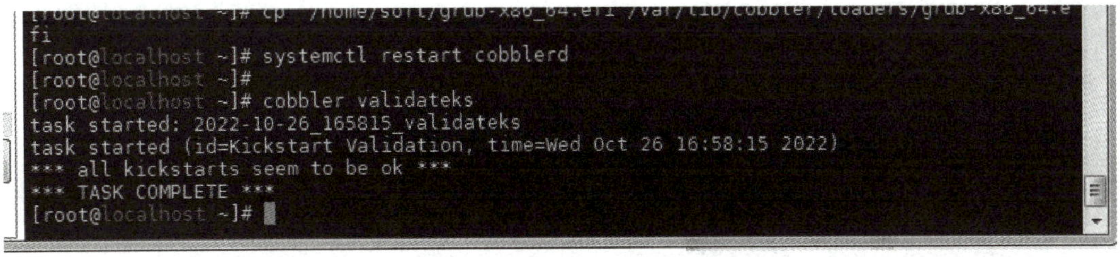

图 3-1-6 cobbler 验证配置文件结果

(10) 修改密码 (加密)，使用 openssl 进行加密 (密码为 123456，可修改)。相关代码如下：

```
openssl passwd -1 -salt 'oldboy' '123456'
```

加密结果如图 3-1-7 所示。

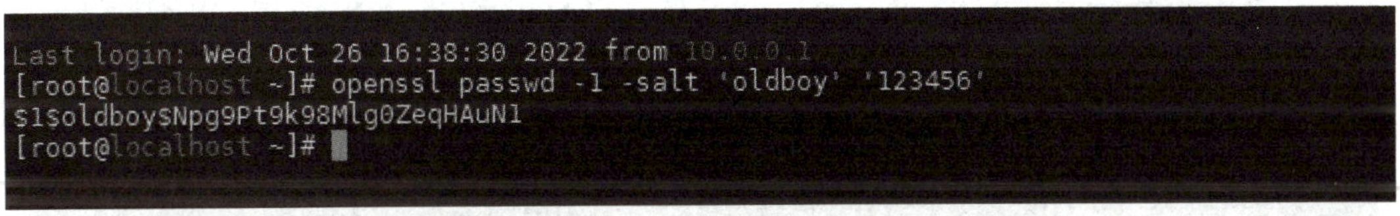

图 3-1-7 密码加密结果

(11) 修改 settings，将安装的系统默认密码改成上面获取的加密字符串。相关代码如下：

```
vi /etc/cobbler/settings
```

结果如图 3-1-8 所示。

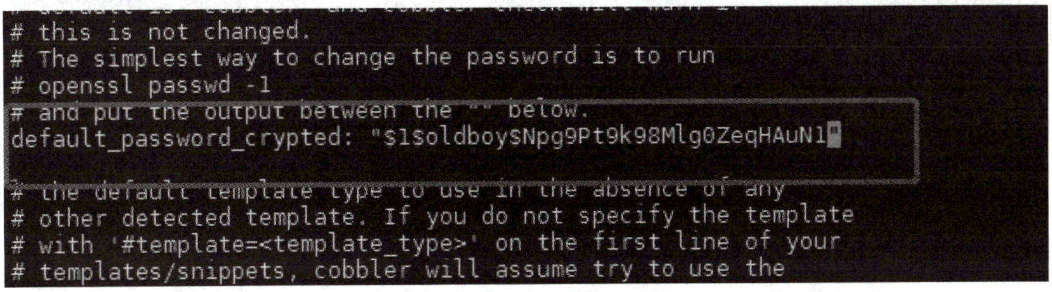

图 3-1-8 修改系统默认密码

(12) 检查下载的软件。相关代码如下：

```
cd /var/lib/cobbler/loaders/
ls
```

结果如图 3-1-9 所示。

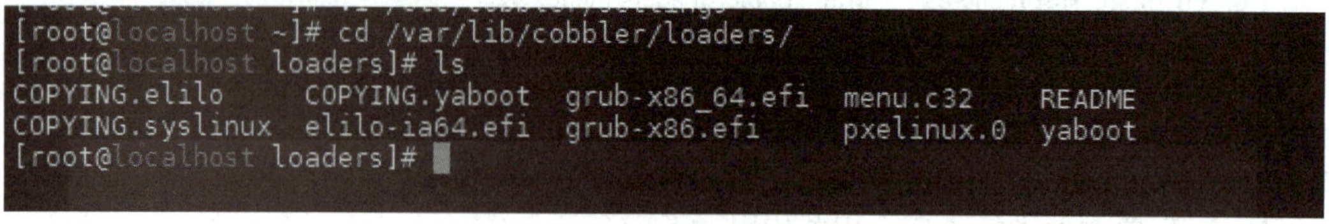

图 3-1-9　检查下载的软件

(13) 编辑 /etc/xinetd.d/rsync，添加 disable = no 字段。相关代码如下：

```
vi /etc/xinetd.d/rsync
```

结果如图 3-1-10 所示。

图 3-1-10　编辑 /etc/xinetd.d/rsync 文件

(14) 重启 xinetd 和 cobblerd 服务。相关代码如下：

```
systemctl restart xinetd
systemctl restart cobblerd
```

(15) 第 3 次检查 cobbler，相关代码如下：

```
cobbler check
```

结果如图 3-1-11 所示。

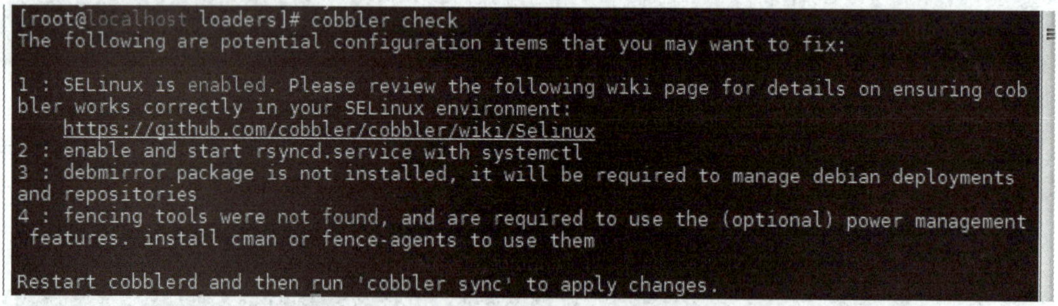

图 3-1-11　第 3 次检查后 cobbler 存在的问题

(16) 关闭 SELinux。相关代码如下：

```
sed -i 's/SELinux=enforcing/SELinux=disabled/g' /etc/seLinux/config
setenforce 0
```

(17) 启动 rsyncd.service 服务，并设置为开机自启。相关代码如下：

```
systemctl start rsyncd.service
systemctl enable rsyncd.service
```

(18) 第 4 次检查 cobbler。相关代码如下：

```
cobbler check
```

结果如图 3-1-12 所示。

```
[root@localhost loaders]# cobbler check
The following are potential configuration items that you may want to fix:

1 : SELinux is enabled. Please review the following wiki page for details on ensuring cob
bler works correctly in your SELinux environment:
    https://github.com/cobbler/cobbler/wiki/Selinux
2 : debmirror package is not installed, it will be required to manage debian deployments
and repositories
3 : fencing tools were not found, and are required to use the (optional) power management
 features. install cman or fence-agents to use them

Restart cobblerd and then run 'cobbler sync' to apply changes.
```

图 3-1-12 第 4 次检查后 cobbler 存在的问题

以下 3 个问题可忽略。

(19) 修改 dhcp.template，用于自动分配 IP。相关代码如下：

```
vi /etc/cobbler/dhcp.template
subnet 192.168.145.0 netmask 255.255.255.0 {
    option routers              192.168.145.2;#( 网关 IP)
    option domain-name-servers  192.168.145.2;#( 网关 IP)
    option subnet-mask          255.255.255.0;
    range dynamic-bootp         192.168.145.10 192.168.145.220;  #(DHCP 范围 )
    default-lease-time          21600;
    max-lease-time              43200;
    next-server                 $next_server;
```

(20) 同步 cobbler。相关代码如下：

```
cobbler sync
```

结果如图 3-1-13 所示。

```
generating /etc/xinetd.d/tftp
cleaning link caches
running post-sync triggers
running python triggers from /var/lib/cobbler/triggers/sync/post/*
running python trigger cobbler.modules.sync_post_restart_services
running: dhcpd -t -q
received on stdout:
received on stderr:
running: service dhcpd restart
received on stdout:
received on stderr: Redirecting to /bin/systemctl restart dhcpd.service

running shell triggers from /var/lib/cobbler/triggers/sync/post/*
running python triggers from /var/lib/cobbler/triggers/change/*
running python trigger cobbler.modules.manage_genders
running python trigger cobbler.modules.scm_track
running shell triggers from /var/lib/cobbler/triggers/change/*
*** TASK COMPLETE ***
[root@localhost loaders]#
```

图 3-1-13 同步 cobbler 结果

(21) 设置相关软件开机自动启动。相关代码如下：

```
systemctl enable dhcpd.service
systemctl enable rsyncd.service
systemctl enable tftp.service
systemctl enable httpd.service
systemctl enable cobblerd.service
systemctl enable xinetd
```

（22）将相关软件全部重启，确保全部软件启动。相关代码如下：

```
systemctl restart dhcpd.service
systemctl restart rsyncd.service
systemctl restart tftp.service
systemctl restart httpd.service
systemctl restart cobblerd.service
systemctl restart xinetd
```

（23）查看安装是否成功，相关代码如下：

```
cobbler
```

结果如图 3-1-14 所示。

图 3-1-14　cobbler 安装成功

步骤 4　使用 cobbler 自动安装 CentOS 7 系统。具体操作如下：

（1）检查 CentOS 7 是否已挂载到 VMware 中。相关操作如下：

选中"虚拟机"，然后右击，弹出"虚拟机设置"窗口，单击"硬件"，选择"CD/DVD(IDE)"，然后查看右边的"已连接"是否已经打钩，如果没有，则勾选上。

结果如图 3-1-15 所示。

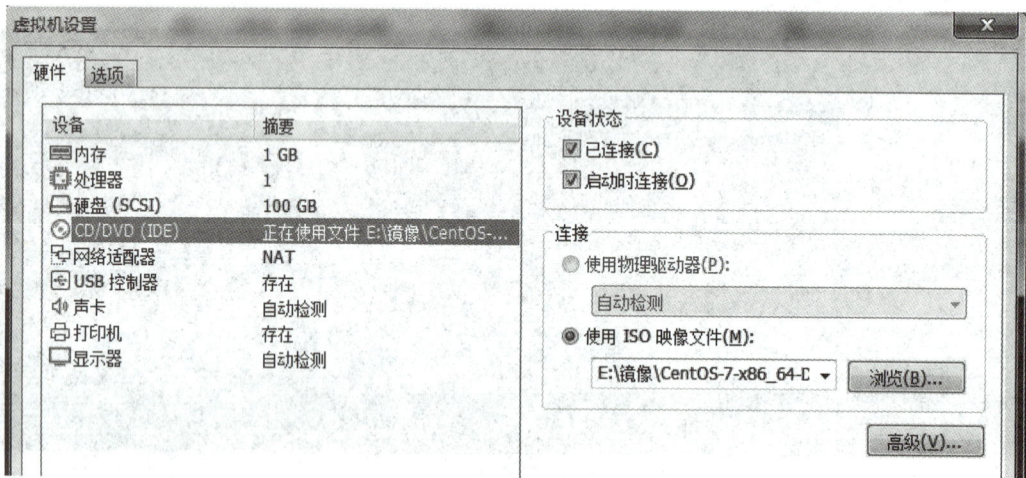

图 3-1-15　镜像已连接

（2）挂载系统。相关代码如下：

```
mount /dev/cdrom /mnt/
```

结果如图 3-1-16 所示。

图 3-1-16　镜像挂载成功

(3) 导入镜像系统 (大概需要两三分钟)。相关代码如下：

```
cobbler import --path=/mnt/ --name=CentOS-7.1-x86_64 --arch=x86_64
```

结果如图 3-1-17 所示。

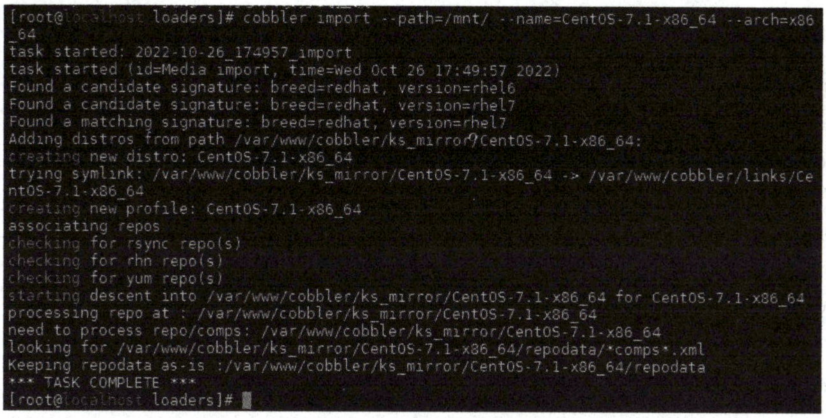

图 3-1-17　导入镜像成功

(4) 从配套软件中复制 CentOS-7.1-x86_64.cfg。相关代码如下：

```
cp /home/soft/CentOS-7.1-x86_64.cfg.txt  /var/www/cobbler/ks_mirror/CentOS-7.1-x86_64.cfg
cp /home/soft/CentOS-7.1-x86_64.cfg.txt  /var/lib/cobbler/kickstarts/CentOS-7.1-x86_64.cfg
```

(5) 配置镜像。相关代码如下：

```
cobbler distro report --name=CentOS-7.1-x86_64
cobbler profile report
cobbler profile edit \
--name=CentOS-7.1-x86_64 \
--kickstart=/var/lib/cobbler/kickstarts/CentOS-7.1-x86_64.cfg
cobbler profile edit --name=CentOS-7.1-x86_64 --kopts='net.ifnames=0 biosdevname=0'
```

进行到这里就可以安装系统了。

(6) 验证。相关操作如下：

利用 VMware 新建一个虚拟机，内存选 2 GB，不用选镜像，直接启动，出现有 "Press[Tab] to edit options" 提示的界面时即为成功，结果如图 3-1-18 所示。

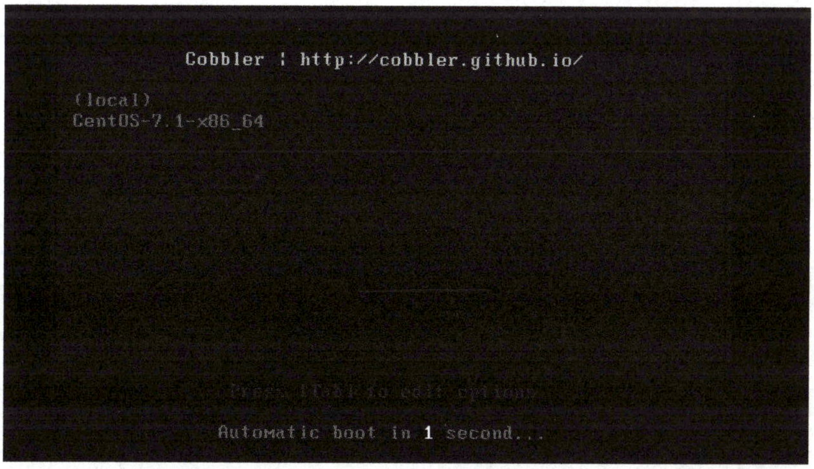

图 3-1-18　cobbler 自动安装系统

评价反馈

1. 学生自评

评分项	分 值	作答要求	评审规定	得 分
获取信息	2	问题回答清晰准确，能够紧扣主题，没有明显错误项	对照标准答案，错一项扣0.5分，扣完为止	
工作计划	3	工作计划优秀可实施，没有任何细节错误	对照标准答案，错一项扣0.5分，扣完为止	
工作实施	4	有具体配置图例，各设备配置清晰正确	未能按工作要求实施，每次扣1分，扣完为止	
其他	1	工作过程中能够做到认真仔细，科学严谨	出现消极表现，每次扣0.5分，扣完为止	
综合评价及得分				

2. 学生互评

评分项	分 值	作答要求	评审规定	得 分
获取信息	2	问题回答清晰准确，能够紧扣主题，没有明显错误项	对照标准答案，错一项扣0.5分，扣完为止	
工作计划	3	工作计划优秀可实施，没有任何细节错误	对照标准答案，错一项扣0.5分，扣完为止	
工作实施	4	有具体配置图例，各设备配置清晰正确	未能按工作要求实施，每次扣1分，扣完为止	
其他	1	工作过程中能够做到认真仔细，科学严谨	出现消极表现，每次扣0.5分，扣完为止	
综合评价及得分				

3. 教师评价

评分项	分 值	作答要求	评审规定	得 分
任务准备	3	学生对任务目标清晰，能够做好充分的准备工作	对照准备工作项，未完成一项扣0.5分，扣完为止	
任务实施	4	有具体配置图例，各设备配置清晰正确	未能按工作要求实施，每次扣1分，扣完为止	
团队合作	2	学生能相互帮助，团结协作	组员之间产生分歧未能及时化解，每次扣0.5分，扣完为止	
其他	1	学生在工作过程中能够做到认真仔细，科学严谨	出现消极表现，每次扣0.5分，扣完为止	
综合评价及得分				

知识链接

1. cobbler 简介

cobbler 是一个 Linux 服务器快速网络安装的服务，而且经过调整也可以支持网络安装 Windows。

cobbler 使用 Python 开发，小巧轻便，可以通过网络启动 (PXE) 的方式来快速安装、重装物理服务器和虚拟机，同时还可以管理 DHCP、DNS、TFTP、rsync 以及 yum 仓库，构造系统 ISO 镜像。

cobbler 可以使用命令行方式管理，也提供了基于 Web 的界面管理工具 (cobbler-web)，还提供了 API 接口，可以方便二次开发使用。

cobbler 是较早前的 Kickstart 的升级版，优点是比较容易配置，还自带 Web 界面，比较易于管理。

cobbler 内置了一个轻量级配置管理系统，支持和其他配置管理系统集成 (如 Puppet)，暂时不支持 SaltStack。

cobbler 客户端 Koan 支持虚拟机安装和操作系统重新安装，使重装系统更便捷。

2. cobbler 的作用

使用 cobbler，无须进行人工干预即可安装机器。cobbler 设置一个 PXE 引导环境 (它还可以使用 yaboot 支持 PowerPC)，实现系统的自动安装，如网络引导服务 (DHCP 和 TFTP) 与存储库镜像。使用 cobbler 进行自动安装的步骤如下：

(1) 使用一个以前定义的模板来配置 DHCP 服务 (如果启用了管理 DHCP)；

(2) 将一个存储库 (yum 或 rsync) 建立镜像或解压缩一个媒介，以注册一个新操作系统；

(3) 在 DHCP 配置文件中为需要安装的机器创建一个模板，并使用指定的参数 (IP 和 MAC)；

(4) 在 TFTP 服务目录下创建适当的 PXE 文件；

(5) 重新启动 DHCP 服务使更改的配置生效；

(6) 重新启动机器以开始安装 (如果电源管理已启动)。

3. cobbler 的工作流程

cobbler 是通过将 DHCP、TFTP、DNS、HTTP 等服务进行集成，创建一个中央管理节点，其可以实现的功能有配置服务、创建存储库、解压缩操作系统媒介、代理或集成一个配置管理系统、控制电源管理等。cobbler 的最终目的是实现无须进行人工干预即可安装机器。在进行下一步的操作之前，有必要先了解 PXE 和 Kickstart。

1) PXE

预启动执行环境 (Preboot eXecution Environment，PXE) 也被称为预执行环境，是让计算机通过网卡独立地使用数据设备 (如硬盘) 或者安装操作系统。PXE 是 Intel 公司开发的产品。

PXE 的工作原理可以简单理解为：首先 PXE Client 发送广播包给 DHCP Server 请求

DHCP 分配 IP 地址，然后 DHCP Server 回复请求，将 IP 地址以及 Boot Server 的地址返还给 PXE Client，最后 PXE Client 下载引导文件并执行引导程序。

总而言之，PXE 主要是通过广播的方式发送一个包，并请求获取一个地址，而后交给 TFTP 程序下载一个引导文件。PEX 的工作原理如图 3-1-19 所示。

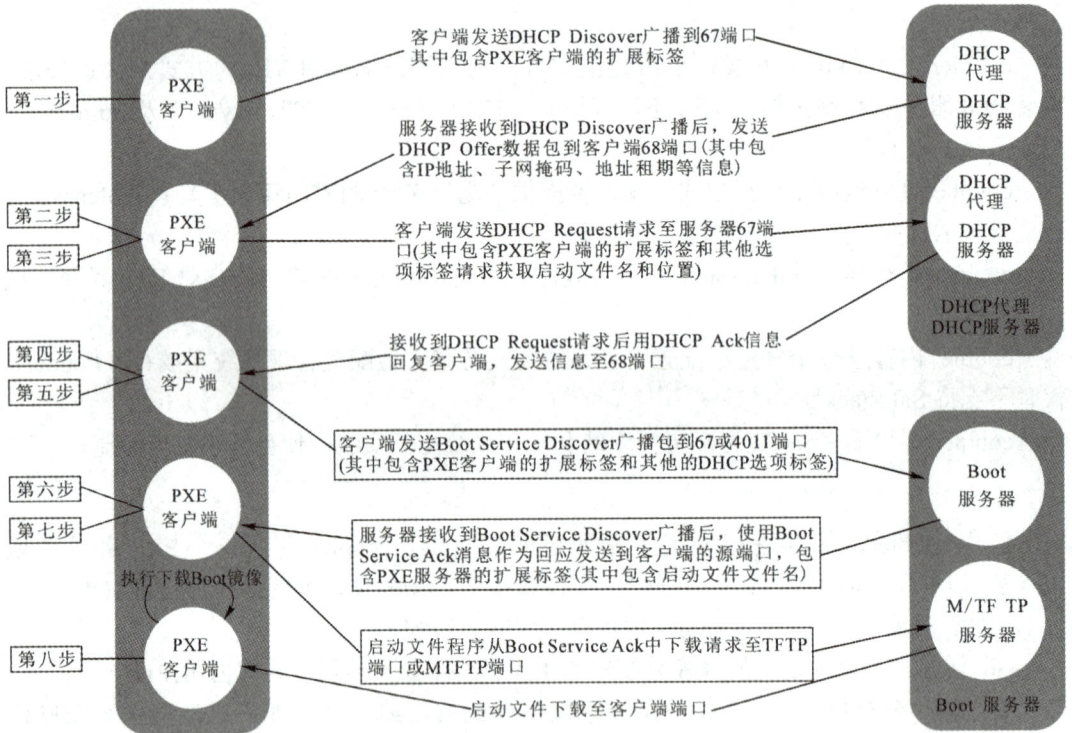

图 3-1-19　PXE 工作原理

2）Kickstart

Kickstart 是红帽 (Red Hat) 公司开发的一种工具，可以简单理解为一个自动安装应答配置管理的程序。通过读取这个配置文件，系统知道怎么去分区，要安装什么包，分配什么 IP，优化什么内核参数等。其主要由以下部分组成：

(1) Kickstart 安装选项：包含语言的选择、防火墙、密码、网络、分区的设置等。

(2) %Pre 部分：安装前解析的脚本，通常用来生成特殊的 Kickstart 配置，如由一段程序决定磁盘分区等。

(3) %Package 部分：安装包的选择，可以是 @core 这样的 group 的形式，也可以是 vim-* 这样的包的形式。

(4) %Post 部分：安装后执行的脚本，通常用来做系统的初始化设置，如启动的服务、相关的设定等。

3）cobbler 的工作流程

cobbler 的工作流程如图 3-1-20 所示。下面分别介绍 Server 端和 Client 端的具体工作流程。

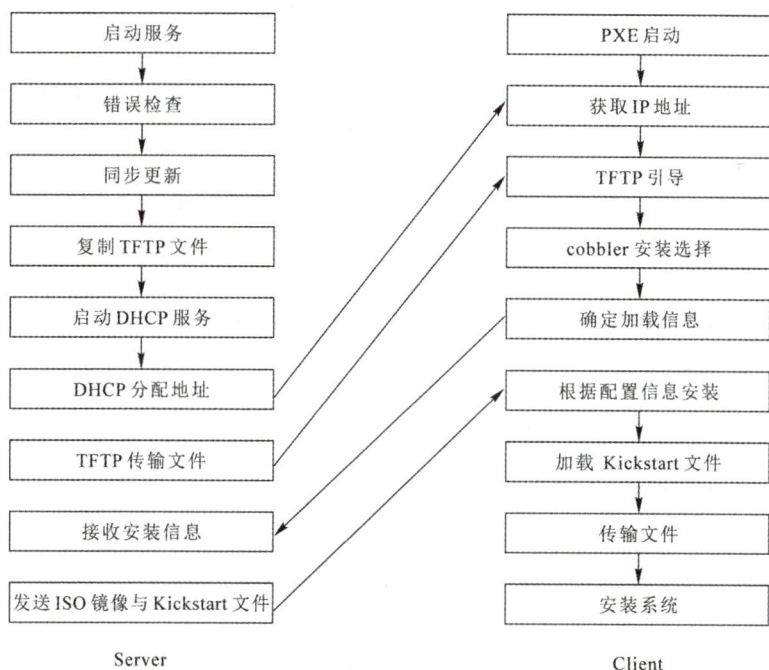

图 3-1-20　cobbler 工作流程图

1) Server 端

(1) 启动 cobbler 服务；

(2) 进行 cobbler 错误检查，执行 cobbler check 命令；

(3) 进行配置同步，执行 cobbler sync 命令；

(4) 复制相关启动文件到 TFTP 目录中；

(5) 启动 DHCP 服务，提供地址分配；

(6) DHCP 服务分配 IP 地址；

(7) TFTP 传输启动文件；

(8) Server 端接收安装信息；

(9) Server 端发送 ISO 镜像与 Kickstart 文件。

2) Client 端

(1) 客户端以 PXE 模式启动；

(2) 客户端获取 IP 地址；

(3) 通过 TFTP 服务器获取启动文件；

(4) 进入 cobbler 安装选择界面；

(5) 客户端确定加载信息；

(6) 根据配置信息准备安装系统；

(7) 加载 Kickstart 文件；

(8) 传输系统安装的其他文件；

(9) 完成系统的安装。

任务 3.2　使用 ansible 进行系统自动化部署

任务简介			
任务名称	使用 ansible 进行系统自动化部署	所属课程	移动互联系统运维技术
前序任务	使用 cobbler 进行系统自动化安装	课时规划	4 学时
实施方式	实际操作	考核方式	操作演示
考核点	ansible 软件安装、ansible 命令的使用、YAML 自动化脚本书写		
任务简介	使用 ansible 自动化部署 tomcat		
设备环境	VMware 虚拟仿真软件		
教学方法	采用手把手的教学方法，通过操作训练引导学生掌握服务器设备部署的相关职业技能，同时通过讲解和演示的方式培养学生相关的职业素养		
实施人员信息			
姓　名		班　级		学　号		电　话	
隶属组		组　长		岗位分工		伙伴成员	

获取信息

引导问题 1：常用的自动化配置软件有哪些？

_____

_____

_____

_____

引导问题 2：什么是 ansible？为什么要使用 ansible？

_____

_____

_____

_____

引导问题 3：ansible 的工作原理是怎样的？

_____

_____

_____

_____

_____

小提示

自动化配置是指使用自动化工具和脚本来自动完成系统、应用程序或网络设备的配置过程。通过自动化配置，可以减少手动操作的工作量和错误，提高配置的一致性和可靠性。

自动化配置可以应用于各种场景，包括服务器配置、网络设备配置、应用程序部署等。它可以通过编写脚本或使用专门的自动化工具来实现。

自动化配置的主要优点如下：

(1) 提高效率：自动化配置可以大大减少手动操作的时间和工作量。通过编写脚本或使用自动化工具，可以快速、准确地完成配置过程，提高工作效率。

(2) 降低错误率：手动配置容易出现人为错误，而自动化配置可以减少这些错误的发生。自动化工具可以确保配置的一致性和正确性，减少配置错误的风险。

(3) 提高可靠性：自动化配置可以确保配置的可靠性和稳定性。通过自动化工具，可以实现配置的验证和回滚，以确保配置的正确性和可恢复性。

(4) 简化管理：自动化配置可以简化系统和应用程序的管理。通过自动化工具，可以集中管理和更新配置，减少手动操作的复杂性和烦琐性。

(5) 可重复性和可扩展性：自动化配置可以实现配置的可重复性和可扩展性。通过编写可重复使用的脚本或使用自动化工具，可以轻松地复制和扩展配置，适应不断变化的需求。

总之，自动化配置可以提高工作效率、降低错误率、提高可靠性，并简化系统和应用程序的管理。它是现代化 IT 运维与开发的重要工具和方法。

工作计划

1. 工作准备

为了便于完成本任务，首先要了解远程自动化配置，掌握其概念和作用；其次需要查找资料，熟悉 ansible 软件，了解 ansible 软件的模块、工作流程、常用方法等。

2. 列出软件和工具清单

试写出本任务可能涉及的软件和工具，并将它们的版本和功能填入表 3-2-1 中。

表 3-2-1　软件 / 工具清单

软件 / 工具	版　本	功　能

进行决策

根据计算机环境和实操前的工作准备，决定软件版本和实操流程。

_____

_____

工作实施

1. 实施要求或注意事项

引导问题 1：安装 ansible 的方式有哪些？它们分别有什么优缺点？

_____

_____

引导问题 2：ansible 常用模块有哪些？它们分别有什么作用？

_____

_____

引导问题 3：新增一台受控机，需要通过哪些步骤才能实现？

_____

_____

2. 实施步骤

为了完成本任务，可以参考以下的步骤进行操作。

步骤 1　环境准备。

需要先准备 2 台服务器：一台服务器作为"主控机"，IP 为 10.0.0.128；另一台服务器作为"受控机"，IP 为 10.0.0.129。两台服务器系统都是 CentOS 7.4，安装选择基础服务器，并且要能连接外网。

(1) 主控机安装 yum 源，相关代码如下：

```
wget -O /etc/yum.repos.d/epel.repo https://mirrors.aliyun.com/repo/epel-7.repo
```

(2) 更新 yum 源，相关代码如下：

```
yum clean all
```

```
yum makecache
```

结果如图 3-2-1 所示。

```
(1/16): epel/x86_64/group_gz                       |  98 kB  00:00:00
(2/16): base/7/x86_64/group_gz                     | 153 kB  00:00:00
(3/16): epel/x86_64/updateinfo                     | 1.0 MB  00:00:02
(4/16): epel/x86_64/prestodelta                    | 1.0 kB  00:00:00
(5/16): base/7/x86_64/other_db                     | 2.6 MB  00:00:03
(6/16): base/7/x86_64/filelists_db                 | 7.2 MB  00:00:06
(7/16): base/7/x86_64/primary_db                   | 6.1 MB  00:00:09
(8/16): epel/x86_64/primary_db                     | 7.0 MB  00:00:13
(9/16): extras/7/x86_64/other_db                   | 149 kB  00:00:00
(10/16): extras/7/x86_64/filelists_db              | 276 kB  00:00:00
(11/16): extras/7/x86_64/primary_db                | 249 kB  00:00:00
(12/16): updates/7/x86_64/other_db                 | 1.2 MB  00:00:01
(13/16): epel/x86_64/filelists_db                  |  12 MB  00:00:20
(14/16): epel/x86_64/other_db                      | 3.4 MB  00:00:06
(15/16): updates/7/x86_64/filelists_db             |  10 MB  00:00:09
(16/16): updates/7/x86_64/primary_db               |  18 MB  00:00:19
Determining fastest mirrors
 * base: mirrors.ustc.edu.cn
 * extras: mirrors.ustc.edu.cn
 * updates: mirrors.ustc.edu.cn
元数据缓存已建立
```

图 3-2-1　yum 源更新

步骤 2　安装软件，修改配置。具体操作如下：

(1) 主控机安装 ansible。相关代码如下：

```
yum install -y ansible
```

(2) 主控机验证 ansible。相关代码如下：

```
ansible --version
```

结果如图 3-2-2 所示。

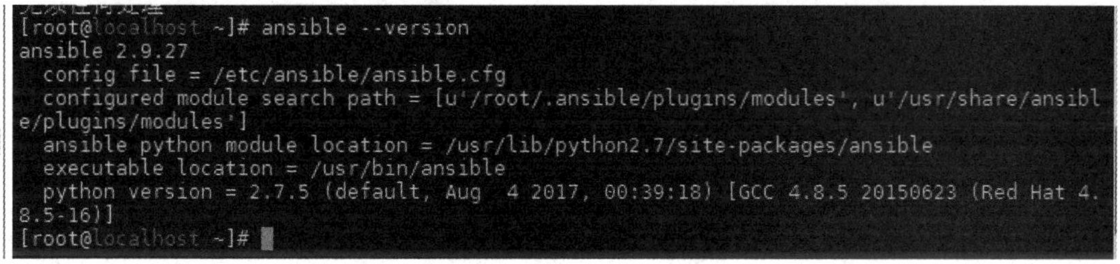

```
[root@localhost ~]# ansible --version
ansible 2.9.27
  config file = /etc/ansible/ansible.cfg
  configured module search path = [u'/root/.ansible/plugins/modules', u'/usr/share/ansible/plugins/modules']
  ansible python module location = /usr/lib/python2.7/site-packages/ansible
  executable location = /usr/bin/ansible
  python version = 2.7.5 (default, Aug  4 2017, 00:39:18) [GCC 4.8.5 20150623 (Red Hat 4.8.5-16)]
[root@localhost ~]#
```

图 3-2-2　查看 ansible 版本

(3) 免密登录 (主控机执行)。相关代码如下：

```
ssh-keygen -t rsa
enter*3                                          # 回车键按 3 次
ssh-copy-id -i ~/.ssh/id_rsa.pub root@10.0.0.129 # 受控机 ip
```

输入 yes，然后输入 10.0.0.129 受控机的密码，使用命令 ssh 10.0.0.129 验证免密登录成功，结果如图 3-2-3 所示。

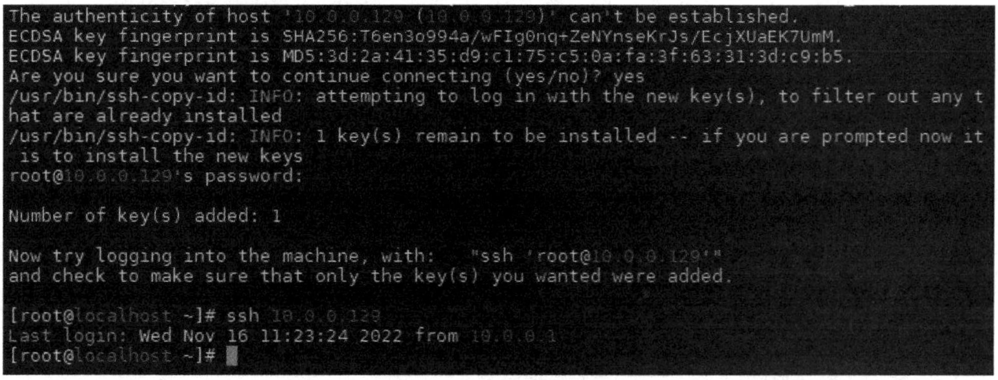

```
The authenticity of host '10.0.0.129 (10.0.0.129)' can't be established.
ECDSA key fingerprint is SHA256:T6en3o994a/wFIg0nq+ZeNYnseKrJs/EcjXUaEK7UmM.
ECDSA key fingerprint is MD5:3d:2a:41:35:d9:c1:75:c5:0a:fa:3f:63:31:3d:c9:b5.
Are you sure you want to continue connecting (yes/no)? yes
/usr/bin/ssh-copy-id: INFO: attempting to log in with the new key(s), to filter out any that are already installed
/usr/bin/ssh-copy-id: INFO: 1 key(s) remain to be installed -- if you are prompted now it is to install the new keys
root@10.0.0.129's password:

Number of key(s) added: 1

Now try logging into the machine, with:   "ssh 'root@10.0.0.129'"
and check to make sure that only the key(s) you wanted were added.

[root@localhost ~]# ssh 10.0.0.129
Last login: Wed Nov 16 11:23:24 2022 from 10.0.0.1
[root@localhost ~]#
```

图 3-2-3　免密登录成功

(4) 配置环境。相关代码如下：

```
exit                                    # 切回主控机
export ansible_SUDO_USER=root
inventory=/etc/ansible/hosts/
library=/usr/share/my_modules/
forks=5
sudo_user=root
remote_port=22
host_key_checking=False
timeout=60
log_path=/var/log/ansible.log
```

(5) 配置受控机。相关代码如下：

```
mv /etc/ansible/hosts /etc/ansible/hosts.backup
vi /etc/ansible/hosts
```

(6) 输入以下内容：

```
10.0.0.129
[tomcat]
10.0.0.129
```

(7) 验证 ansible 生效，测试 ping。代码如下：

```
ansible 10.0.0.129 -m ping
```

结果如图 3-2-4 所示。

图 3-2-4　验证 ansible 远控 (远程控制) 成功

步骤 3　上传 JDK 和 tomcat 软件到主控机的 /root 目录。

使用连接工具将配套的文件上传到主控机的 /root 目录，结果如图 3-2-5 所示。

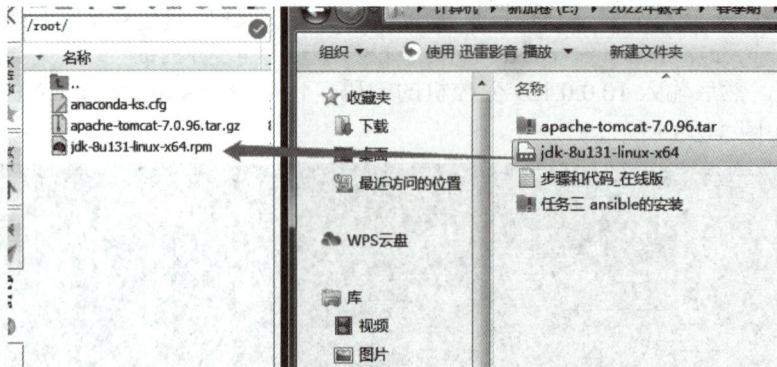

图 3-2-5　上传 JDK 和 tomcat 到主控机的 /root 目录

步骤 4　编写脚本，执行远控。具体操作如下：

(1) 编写 tomcat.yml 脚本。相关代码如下：

```
vi tomcat.yml
```

输入如图 3-2-6 所示的内容。

```
[root@localhost ~]# cat tomcat.yml
---
- hosts: tomcat
  tasks:
    - name: 关闭防火墙
      shell: systemctl stop firewalld
    - name: 关闭selinux
      shell: setenforce 0
    - name: 推送jdk Java环境
      copy: src=jdk-8u131-linux-x64.rpm dest=/root
    - name: 创建文件夹
      file: path=/opt/tomcat state=directory
    - name: 推送tomcat的压缩包
      unarchive: src=apache-tomcat-7.0.96.tar.gz dest=/opt/tomcat
    - name: 安装jdk
      yum: name=jdk-8u131-linux-x64.rpm state=installed
    - name: 启动tomcat
      shell: nohup /opt/tomcat/apache-tomcat-7.0.96/bin/startup.sh
```

图 3-2-6　脚本 tomcat.yml 文本内容

(2) 执行脚本。代码如下：

```
ansible-playbook tomcat.yml
```

执行结果如图 3-2-7 所示。

```
TASK [Gathering Facts] *********************************************************
ok: [10.0.0.129]

TASK [关闭防火墙] ***************************************************************
*****
changed: [10.0.0.129]

TASK [关闭selinux] *************************************************************
**
changed: [10.0.0.129]

TASK [推送jdk Java环境] ********************************************************
****
changed: [10.0.0.129]

TASK [创建文件夹] **************************************************************
*****
changed: [10.0.0.129]

TASK [推送tomcat的压缩包] *****************************************************
******
changed: [10.0.0.129]

TASK [安装jdk] ***************************************************************
**
changed: [10.0.0.129]

TASK [启动tomcat] ************************************************************
**
changed: [10.0.0.129]

PLAY RECAP *********************************************************************
10.0.0.129                 : ok=8    changed=7    unreachable=0    failed=0    skipped=0
    rescued=0    ignored=0

[root@localhost ~]#
[root@localhost ~]#
```

图 3-2-7　脚本 tomcat.yml 执行结果

步骤 5　验证 tomcat 部署成功。相关操作如下：

在浏览器中输入受控机的 IP(10.0.0.129:8080)，查看是否能打开 tomcat 首页，结果如图 3-2-8 所示。

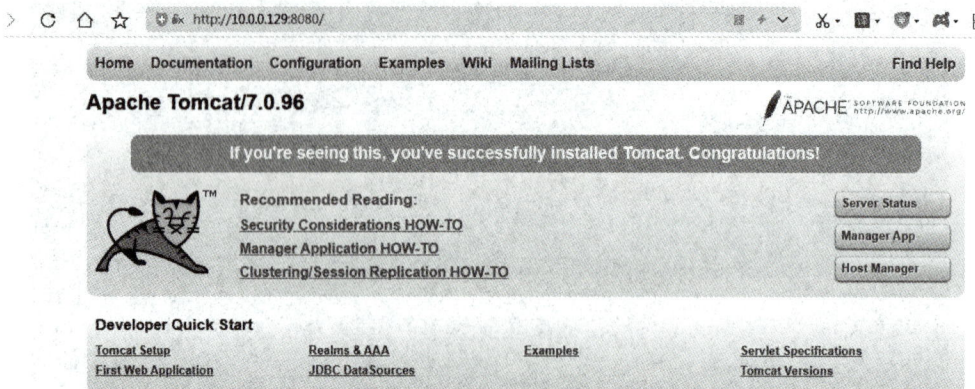

图 3-2-8   tomcat 部署成功

小提示

ansible 的主要配置文件包括：

(1) ansible.cfg：ansible 的主要配置文件，用于指定全局的设置。它可以包含各种选项，如远程主机连接方式、模块路径、日志记录等。

(2) inventory：ansible 的主机清单文件，用于列出要管理的主机和组。它可以是 INI 格式或 YAML 格式的文件，指定主机的 IP 地址、用户名、密码等信息。

(3) playbook.yml：ansible 的剧本文件，用于定义要执行的任务、角色和剧本中的变量。它使用 YAML 格式，可以指定远程主机上要运行的模块、变量和任务。

(4) roles/：ansible 的角色目录，用于组织相关的任务和文件。每个角色都包含一个名为 tasks/main.yml 的主任务文件，其中定义了要在远程主机上运行的任务。

(5) vars/：ansible 的变量目录，用于存储全局变量和角色变量。可以在其中创建不同的文件，用于存储各种变量。

需要注意的是，ansible 可以根据自己的需求进行自定义配置，这可以通过在主配置文件中指定额外的配置文件或目录来扩展和组织配置。

评价反馈

1. 学生自评

评分项	分 值	作答要求	评审规定	得 分
获取信息	2	问题回答清晰准确，能够紧扣主题，没有明显错误项	对照标准答案，错一项扣 0.5 分，扣完为止	
工作计划	3	工作计划优秀可实施，没有任何细节错误	对照标准答案，错一项扣 0.5 分，扣完为止	
工作实施	4	有具体配置图例，各设备配置清晰正确	未能按工作要求实施，每次扣 1 分，扣完为止	
其他	1	工作过程中能够做到认真仔细，科学严谨	出现消极表现，每次扣 0.5 分，扣完为止	
综合评价及得分				

2. 学生互评

评分项	分　值	作答要求	评审规定	得　分
获取信息	2	问题回答清晰准确，能够紧扣主题，没有明显错误项	对照标准答案，错一项扣0.5分，扣完为止	
工作计划	3	工作计划优秀可实施，没有任何细节错误	对照标准答案，错一项扣0.5分，扣完为止	
工作实施	4	有具体配置图例，各设备配置清晰正确	未能按工作要求实施，每次扣1分，扣完为止	
其他	1	工作过程中能够做到认真仔细，科学严谨	出现消极表现，每次扣0.5分，扣完为止	
综合评价及得分				

3. 教师评价

评分项	分　值	作答要求	评审规定	得　分
任务准备	3	学生对任务目标清晰，能够做好充分的准备工作	对照准备工作项，未完成一项扣0.5分，扣完为止	
任务实施	4	有具体配置图例，各设备配置清晰正确	未能按工作要求实施，每次扣1分，扣完为止	
团队合作	2	学生能相互帮助，团结协作	组员之间产生分歧未能及时化解，每次扣0.5分，扣完为止	
其他	1	学生在工作过程中能够做到认真仔细，科学严谨	出现消极表现，每次扣0.5分，扣完为止	
综合评价及得分				

知识链接

1. ansible 简介

ansible 是一款为类 UNIX 系统开发的自由开源的配置和自动化工具。

ansible 用 Python 写成，类似于 SaltStack 和 Puppet，但是有一个不同点是不需要在节点中安装任何客户端。

ansible 使用 SSH 和节点进行通信。ansible 基于 Python paramiko 开发，其特点为分布式、无须客户端、轻量级、配置语法使用 YMAL 及 Jinja2 模板语言、更强的远程命令执行操作。

2. ansible 的工作机制

ansible 的组成如图 3-2-9 所示。

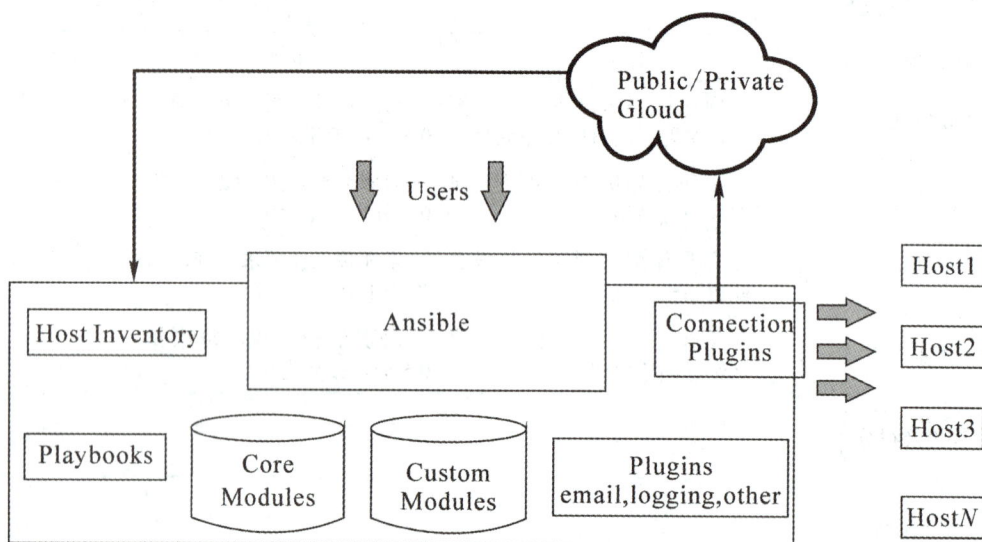

图 3-2-9　ansible 组成示意图

由图 3-2-9 可以看出 , ansible 主要由以下模块组成：

(1) Ansible(IT 自动化工具)：ansible 的核心模块。

(2) Host Inventory(主机资源清单)：ansible 的配置文件，用于列出被管理的远程主机。主机清单可以包括主机名、IP 地址、组、变量等信息。

(3) Playbooks（剧本）：剧本中可以定义主机、变量、模块、任务以及任务之间的关系，使得配置管理变得简单和可维护。

(4) Core Modules（核心模块）：ansible 提供了许多核心模块，用于执行不同类型的任务和操作。

(5) Custom Modules（自定义模块）：通过编写自定义模块，用户可以扩展 ansible 的功能，满足特定需求并提高自动化效率。

(6) Plugins（插件）：ansible 的扩展组件，可以为 ansible 提供额外的功能。插件包括动态发现插件、回调插件、凭证插件等。

(7) Connection Plugins（连接插件）：连接插件用于与远程主机建立连接，目前支持 SSH 和 WinRM 两种连接方式。

(8) Public/Private Cloud(公有云、私有云)：ansible 在云环境中的使用非常广泛，可以与公共云和私有云平台无缝集成。

ansible 的工作原理是：ansible 程序首先调用读取 /etc/ansible/ansible.cfg 配置文件，获取主机列表清单 /etc/ansible/hosts 文件和所要处理的主机列表；其次查看剧本任务，根据剧本中一系列任务生成一个临时的脚本文件，再将该脚本文件发送给所管理的主机，脚本文件在远程主机上执行完成后返回结果；最后删除本地临时文件。

3. ansible 的特点

(1) 部署简单，没有客户端，只需在主控端部署 ansible 环境，被控端无须做任何操作。

(2) 模块化：调用特定的模块，完成特定任务。

(3) 默认使用 SSH 协议对设备进行管理。

(4) 主从集中化管理。

(5) 配置简单、功能强大、扩展性强。

(6) 支持 API 及自定义模块，可通过 Python 轻松扩展。

(7) 通过 Playbooks 来定制强大的配置、状态管理。

(8) 对云计算平台、大数据都有很好的支持。

(9) 具有幂等性：在一个主机上把一个操作执行一遍和执行多遍的结果是一样的。

任务 3.3　使用 zabbix 进行系统自动化监控

任 务 简 介			
任务名称	使用 zabbix 进行系统自动化监控	所属课程	移动互联系统运维技术
前序任务	使用 ansible 进行系统自动化部署	课时规划	4 学时
实施方式	实际操作	考核方式	操作演示
考核点	zabbix 软件安装、zabbix 监控查看、zabbix 触发器使用		
任务简介	使用 ansible 自动化监控 tomcat 主机		
设备环境	VMware 虚拟仿真软件		
教学方法	采用手把手的教学方法，通过操作训练引导学生掌握服务器设备部署的相关职业技能，同时通过讲解和演示的方式培养学生相关的职业素养		
实施人员信息			
姓　名		班　级		学　号		电　话	
隶属组		组　长		岗位分工		伙伴成员	

获取信息

引导问题 1：为什么要进行服务器的监控？

_____

_____

_____

_____

_____

引导问题 2：常用的自动化监控有哪些？

_____

_____

_____

_____

引导问题 3：zabbix 自动化监控有什么优势？

_____

_____

_____

_____

小提示

安全监控服务器的作用：

(1) 能够监测服务器突发故障，及时解决服务器问题，降低损失；

(2) 避免因服务器误报而造成维护资源和时间的浪费；

(3) 能够及时修补紧急漏洞，从而防止黑客入侵；

(4) 能够阻止服务器流量入侵，提高服务器防御力，降低被流量入侵的风险；

(5) 识别警报趋势有利于保障服务器稳定性，使服务器能够不间断正常运行。

工作计划

1. 工作准备

为了便于完成本任务，首先下载配套的资源，其次需要查找资料，熟悉 zabbix 软件，了解 zabbix 软件的版本和安装流程，掌握 zabbix 软件的简单配置等。

2. 列出软件和工具清单

试写出本任务可能涉及的软件和工具，并将它们的版本和功能填入表 3-3-1 中。

表 3-3-1　软件 / 工具清单

软件 / 工具	版　本	功　能

进行决策

根据计算机环境和实操前的工作准备，决定软件版本和实操流程。

_____

_____

_____

_____

工作实施

1. 实施要求或注意事项

引导问题 1：zabbix 的安装方式有哪几种？

_____

_____

引导问题 2：zabbix 可以监控什么系统？

_____

_____

引导问题 3：如何验证 zabbix 的报警功能？

_____

_____

引导问题 4：新增一台监控机的步骤有哪些？

_____

_____

_____

2. 实施步骤

为了完成本任务，可以参考以下的步骤进行操作。

步骤 1　环境准备。

需要先准备 2 台服务器：一台服务器作为"zabbix 服务器"，IP 为 10.0.0.130；另一台服务器作为"zabbix 客户机"，IP 为 10.0.0.131。两台主机系统都是 CentOS 7.4，安装选择基础服务器，两台主机都要能连接外网。

(1) 永久关闭防火墙。相关代码如下：

```
systemctl stop firewalld.service
systemctl disable firewalld.service
```

(2) 永久关闭 SELinux。相关代码如下：

```
sed -i 's/SELinux=enforcing/SELinux=disabled/g' /etc/seLinux/config
setenforce 0
```

(3) 设置节点主机名。相关代码如下：

```
hostnamectl set-hostname zabbix_server
```

(4) 设置本地源（离线安装需要）。相关操作如下：

① 上传 soft 目录到目标主机 /home 目录。

② 解压 yum_repo.tar.gz 到 /yum 目录，代码如下：

```
mkdir /yum
tar zxvf /home/soft/yum_repo.tar.gz -C /yum
```

③ 使用自定义 yum, 创建 yum 客户端配置文件。代码如下：

```
cp -r /etc/yum.repos.d/ /etc/yum.repos.d.backup/          # 备份
echo '[local-repo]
name = local repo for test
baseurl = file:///yum/repo/
enabled = 1
gpgcheck =0'>/etc/yum.repos.d/local-repo.repo            # 创建本地源
```

④ 测试 yum 源是否可用。代码如下：

```
yum clean all
yum makecache
```

结果如图 3-3-1 所示。

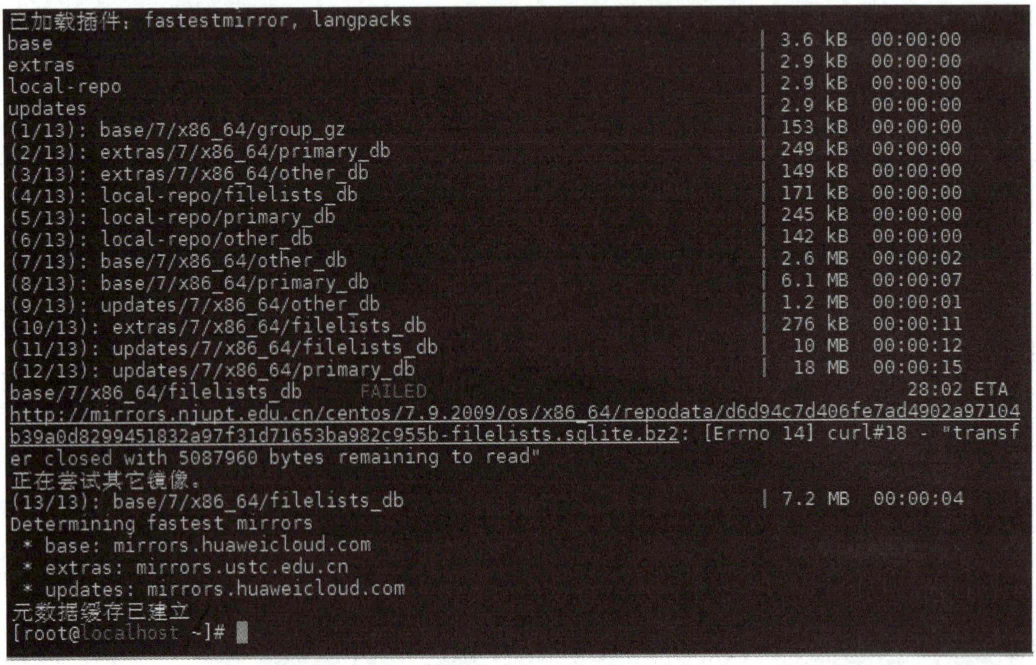

图 3-3-1　搭建本地 yum 源

步骤 2 搭建 LAMP。具体操作如下：

(1) 安装软件。相关代码如下：

```
yum install -y httpd php php-mysql php-gd libjpeg* php-ldap php-odbc php-pear php-xml
yum install -y  php-xmlrpc php-mhash
yum -y install psmisc                                    # 安装 psmisc 用于执行 killall
```

(2) 安装后检查应用版本。相关代码如下：

```
rpm -qa httpd php
```

结果如图 3-3-2 所示。

```
完毕!
[root@localhost ~]# rpm -qa httpd php
php-5.4.16-48.el7.x86_64
httpd-2.4.6-97.el7.centos.5.x86_64
[root@localhost ~]#
```

图 3-3-2 检查应用安装成功

(3) 编辑 httpd。相关代码如下：

```
vi /etc/httpd/conf/httpd.conf
```

修改以下参数：

```
ServerName www.huatec.com:80
DirectoryIndex index.html index.php
```

(4) 编辑配置 PHP，配置中国时区。相关代码如下：

```
vi /etc/php.ini
```

① 修改以下参数：

```
date.timezone = PRC
```

② 启动 httpd 服务并加入开机自启动。代码如下：

```
systemctl start httpd
systemctl enable httpd
```

③ 验证安装成功，电脑端用浏览器输入 IP，能正常访问。

结果如图 3-3-3 所示。

Testing 123..

图 3-3-3 httpd 运行成功

(5) 使用 yum 安装 MySQL，相关代码如下：

```
yum -y install mysql-community-server
```

(6) 配置 MySQL。具体操作如下：

① 首先启动 MySQL。代码如下：

```
systemctl enable mysqld.service
systemctl start  mysqld.service
```

② 查看默认密码。代码如下：

```
grep "password" /var/log/mysqld.log
```

结果如图 3-3-4 所示。

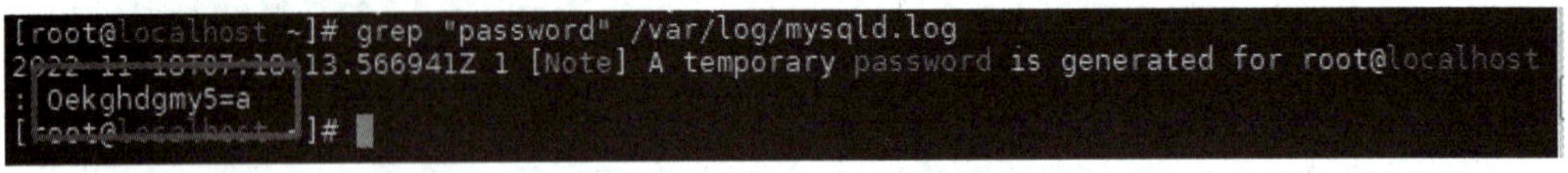

```
[root@localhost ~]# grep "password" /var/log/mysqld.log
2022-11-10T07:10:13.566941Z 1 [Note] A temporary password is generated for root@localhost
: Oekghdgmy5=a
[root@localhost ~]#
```

图 3-3-4　查看 MySQL 密码

③ 使用默认密码登录 MySQL。代码如下：

```
mysql -uroot -p' 密码 '
```

④ 重新设置一个好记的密码 (仅在实验环境下使用简单密码)。相关代码如下：

```
set global validate_password_policy=LOW;
set global validate_password_length=6;
ALTER USER 'root'@'localhost' IDENTIFIED BY '123456';
```

⑤ 开启 MySQL 的远程访问权限。代码如下：

```
grant all privileges on *.* to 'root'@'localhost' identified by '123456' with grant option;
grant all privileges on *.* to 'root'@'%' identified by '123456' with grant option;
```

⑥ 刷新权限。代码如下：

```
flush privileges;
```

⑦ 创建 zabbix 数据库。代码如下：

```
CREATE DATABASE zabbix character set utf8 collate utf8_bin;
GRANT all ON zabbix.* TO 'zabbix'@'%' IDENTIFIED BY 'zabbix';
flush privileges;
```

⑧ 查看是否创建成功。代码如下：

```
select user,host from mysql.user;
```

结果如图 3-3-5 所示。

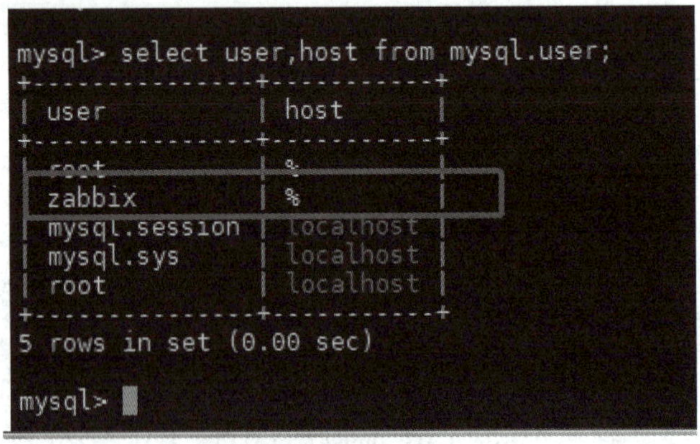

```
mysql> select user,host from mysql.user;
+---------------+-----------+
| user          | host      |
+---------------+-----------+
| root          | %         |
| zabbix        | %         |
| mysql.session | localhost |
| mysql.sys     | localhost |
| root          | localhost |
+---------------+-----------+
5 rows in set (0.00 sec)

mysql>
```

图 3-3-5　查看 zabbix 用户创建成功

步骤 3　安装 zabbix-server。具体操作如下：

(1) 安装依赖包 + 组件。相关代码如下：

```
yum -y install net-snmp net-snmp-devel libxml2-devel  libevent-devel.x86_64
yum -y install curl  curl-devel  libxml2  javacc.noarch  javacc-javadoc.noarch
yum -y install  javacc-maven-plugin.noarch  javacc*  javacc.noarch
```

```
yum install php-bcmath php-mbstring -y
```

(2) 安装 zabbix。相关代码如下:

```
yum install zabbix-server-mysql zabbix-web-mysql -y
```

(3) 创建表。代码如下:

```
zcat /usr/share/doc/zabbix-server-mysql-*/create.sql.gz | mysql -uzabbix -p'zabbix' zabbix
```

(4) 查看是否创建成功。代码如下:

```
mysql -uroot -p123456
use zabbix;
show tables;
```

结果如图 3-3-6 所示。

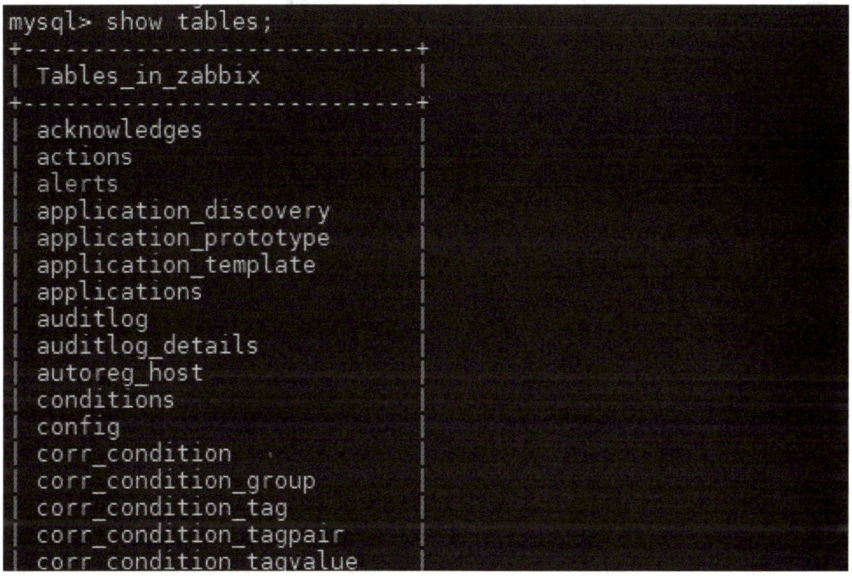

图 3-3-6　查看 zabbix 数据表创建成功

(5) 退出数据库。代码如下:

```
exit
```

(6) 修改配置文件。代码如下:

```
vi /etc/zabbix/zabbix_server.conf
```

(7) 修改相关参数。代码如下:

```
DBPassword=zabbix
StartDiscoverers=50
UnavailableDelay=360
```

(8) 修改时区。代码如下:

```
vi /etc/httpd/conf.d/zabbix.conf
```

(9) 打开配置文件,修改以下内容:

```
php_value date.timezone Asia/Shanghai
```

(10) 启动 zabbix 服务并加入开机自启动。代码如下:

```
systemctl enable zabbix-server
systemctl restart zabbix-server
```

（11）重启 httpd。代码如下：

```
systemctl restart httpd
```

（12）验证安装，浏览器访问 http://10.0.0.130/zabbix。

结果如图 3-3-7 所示。

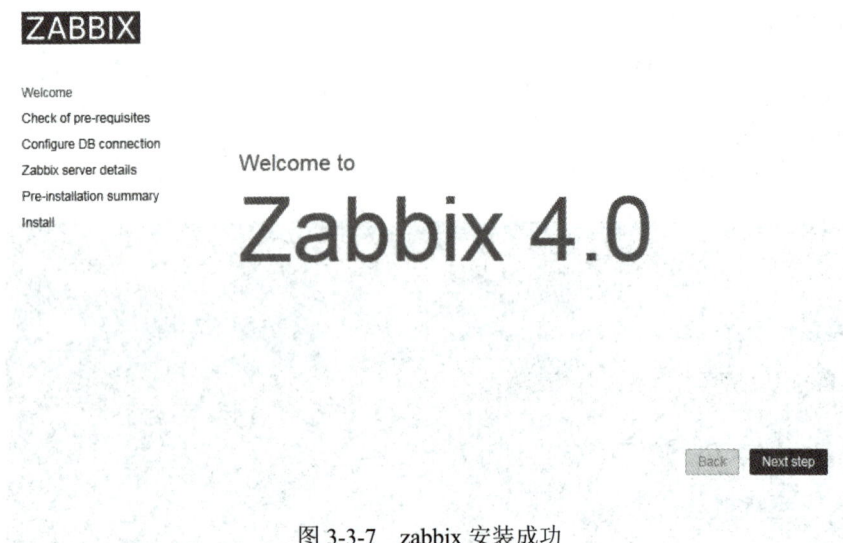

图 3-3-7　zabbix 安装成功

注：本书所有截图中的"ZABBIX"和"Zabbix"应为"zabbix"，因系统设定，无法修改。

步骤 4　配置 zabbix。相关操作如下：

（1）在网页中单击"Next step"按钮，检查是否全部是"OK"，如果不是，则及时排查问题，如图 3-3-8 所示。

Check of pre-requisites	Current value	Required	
PHP version	5.4.16	5.4.0	OK
PHP option "memory_limit"	128M	128M	OK
PHP option "post_max_size"	16M	16M	OK
PHP option "upload_max_filesize"	2M	2M	OK
PHP option "max_execution_time"	300	300	OK
PHP option "max_input_time"	300	300	OK
PHP option "date.timezone"	Asia/Shanghai		OK
PHP databases support	MySQL		OK
PHP bcmath	on		OK
PHP mbstring	on		OK

图 3-3-8　zabbix 项目检查

（2）检查无误，单击"Next step"按钮，配置数据库，填写数据库名称、用户名和密码（三者都为 zabbix），如图 3-3-9 所示。单击"Next step"按钮。

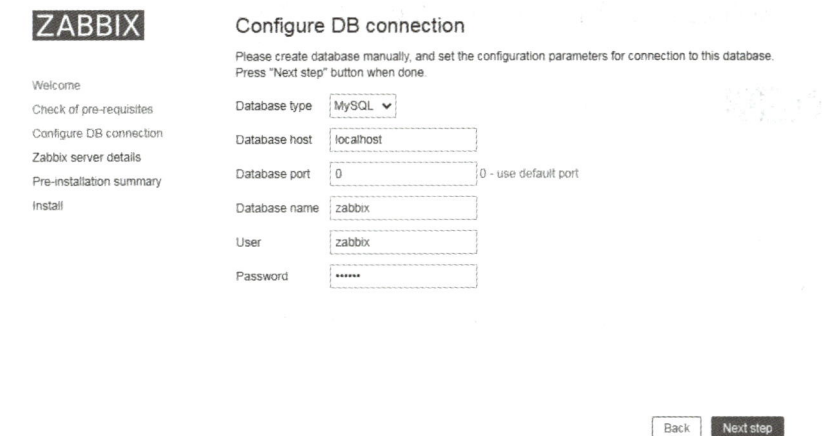

图 3-3-9　zabbix 数据库配置

(3) zabbix 服务器名称不用填写，直接单击 "Next step" 按钮，如图 3-3-10 所示。

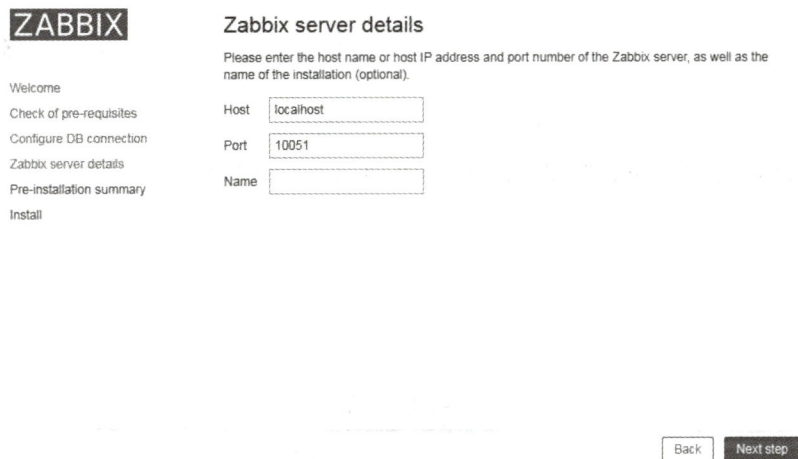

图 3-3-10　zabbix 服务器配置

(4) 继续直接单击 "Next step" 按钮，如图 3-3-11 所示。

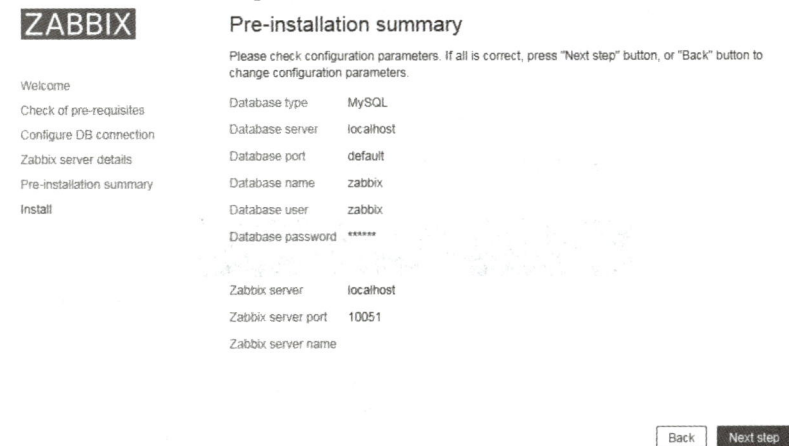

图 3-3-11　查看 zabbix 服务器信息详情

(5) 配置 zabbix 结束，单击"Finish"按钮，如图 3-3-12 所示。

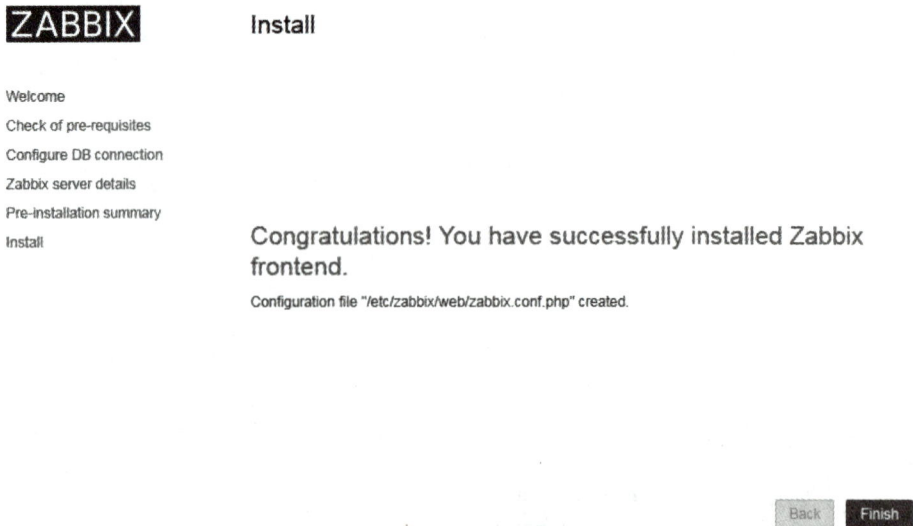

ZABBIX　　**Install**

Welcome
Check of pre-requisites
Configure DB connection
Zabbix server details
Pre-installation summary
Install

Congratulations! You have successfully installed Zabbix frontend.

Configuration file "/etc/zabbix/web/zabbix.conf.php" created.

Back　Finish

图 3-3-12　zabbix 配置结束

(6) 输入用户名"Admin"，默认密码为"zabbix"，单击"Sign in(登录)"按钮，如图 3-3-13 所示。

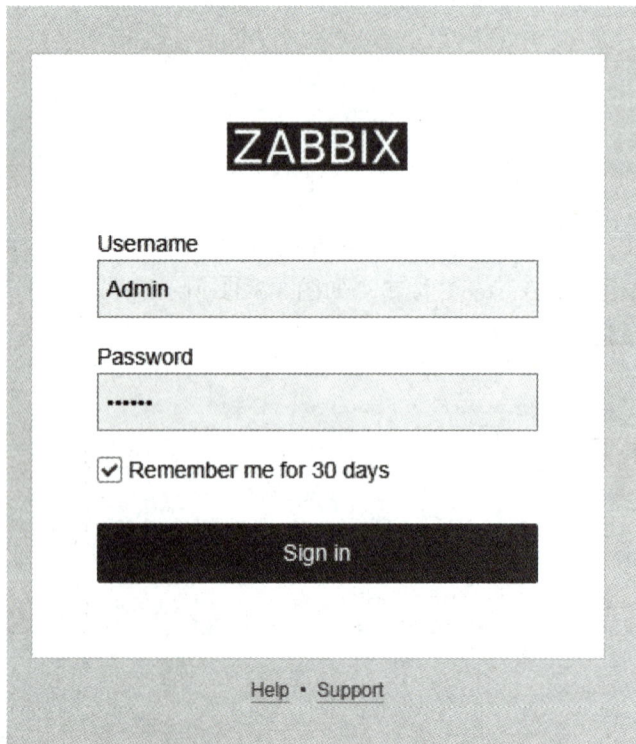

ZABBIX

Username

Admin

Password

••••••

☑ Remember me for 30 days

Sign in

Help · Support

图 3-3-13　zabbix 服务器登录

(7) 进入首页，如图 3-3-14 所示。

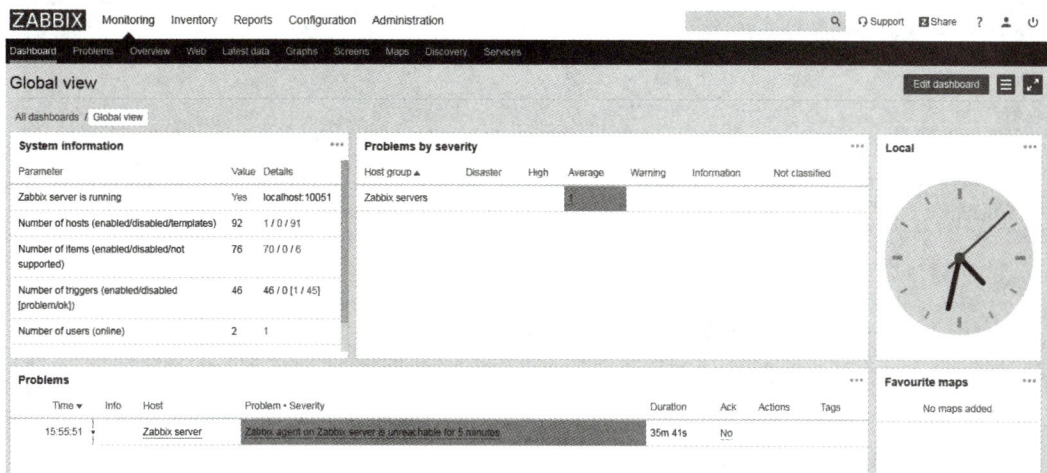

图 3-3-14　zabbix 服务器首页

(8) 修改为中文，回到第三方连接工具，执行以下代码：

```
rm -rf /usr/share/zabbix/assets/fonts/*
cp /home/soft/graphfont.ttf /usr/share/zabbix/assets/fonts/graphfont.ttf
```

(9) 在 zabbix 首页单击右上角的小人图标，语言选"Chinese(zh_CN)"，单击 "Update"按钮，如图 3-3-15 所示。

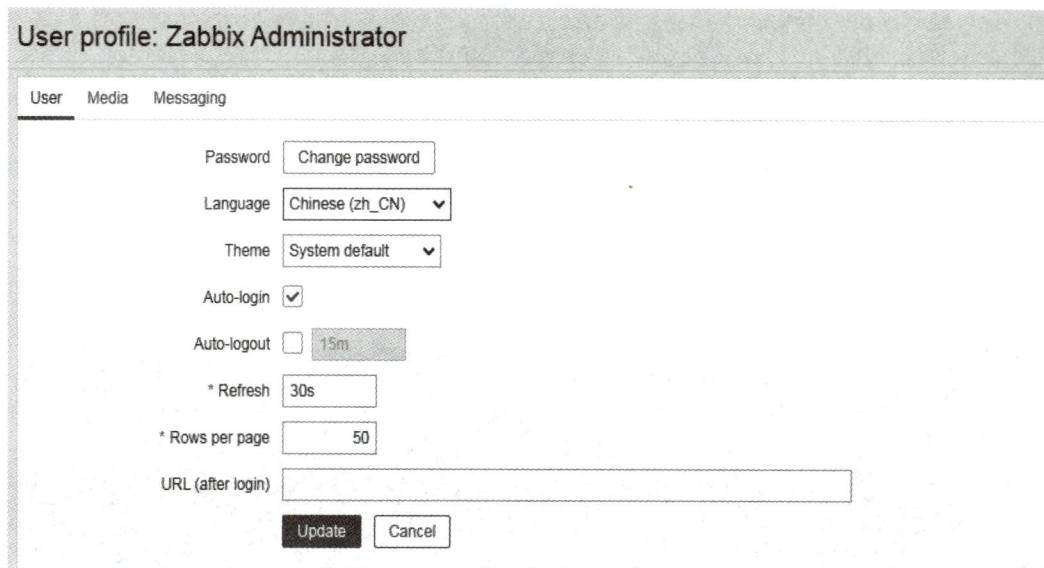

图 3-3-15　zabbix 服务器语言选择

至此，zabbix 服务器安装完成，如图 3-3-16 所示。

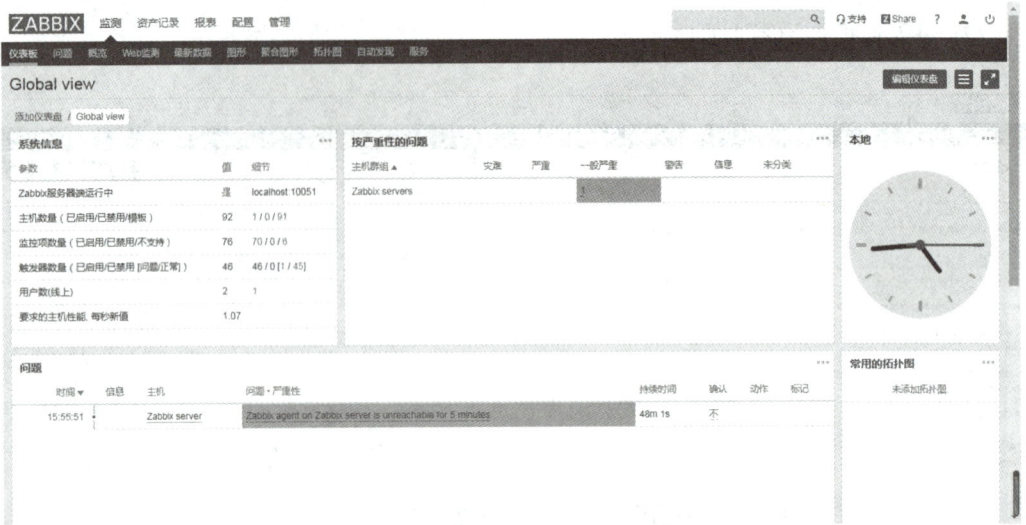

图 3-3-16　zabbix 服务器安装完成

步骤 5　安装 zabbix-agent。

从图 3-3-16 可以看到，zabbix 服务器监控到一个警告"Zabbix agent on Zabbix server is unreachable for 5 minutes"，说明服务器没有安装监控端，因此需要在服务器中安装监控服务。相关操作如下：

(1) 回到第三方连接工具安装 zabbix-agent 客户端。代码如下：

```
yum install zabbix-agent -y
```

(2) 修改配置文件。代码如下：

```
vi /etc/zabbix/zabbix_agentd.conf
```

(3) 修改以下内容：

```
Server=10.0.0.130          #(zabbix_server 所在 IP)
ServerActive=10.0.0.130    #(zabbix_server 所在 IP)
```

(4) 启动客户端，开机启动客户端。代码如下：

```
systemctl start zabbix-agent.service
systemctl enable zabbix-agent.service
```

(5) 查看启动日志。代码如下：

```
cat /var/log/zabbix/zabbix_agentd.log
```

结果如图 3-3-17 所示。

图 3-3-17　zabbix 监控安装完成

(6) 解决"Zabbix agent on Zabbix server is unreachable for 5 minutes"问题，方法如下：

① 在页面中选择"配置"→"主机"→"Zabbix server"，如图 3-3-18 所示。

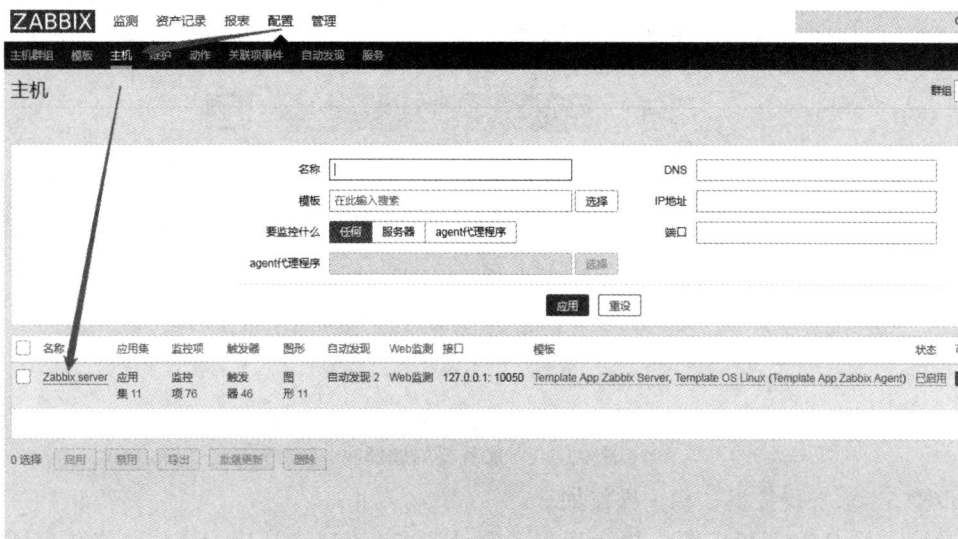

图 3-3-18　选择 zabbix 服务器

② 把 IP 地址修改为 10.0.0.130(zabbix 服务器所在 IP)，单击"更新"按钮，如图 3-3-19 所示。

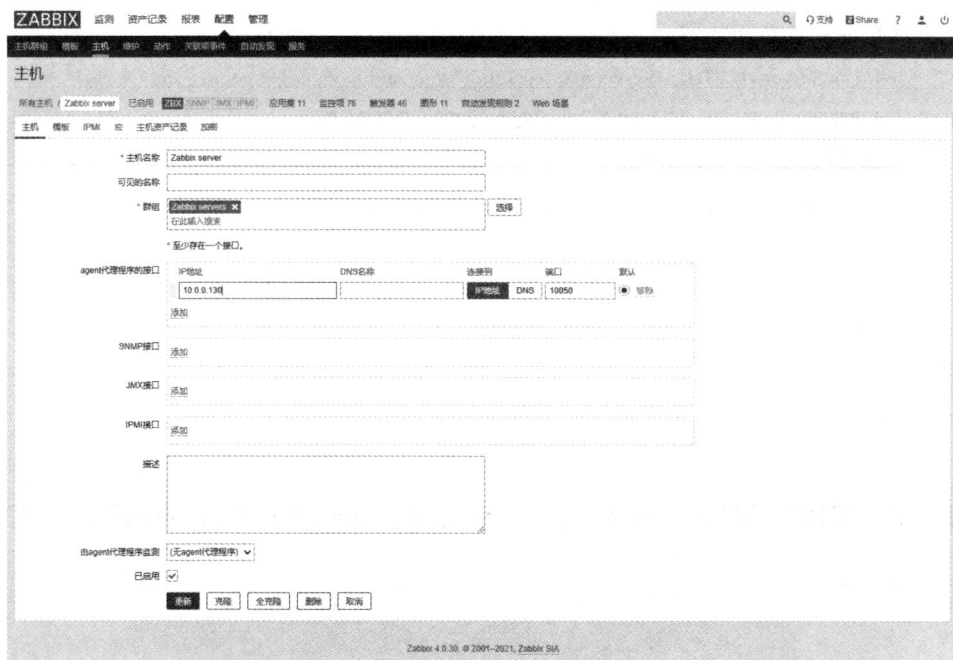

图 3-3-19　修改 zabbix 服务器的 IP

③ 回到第三方软件重启 zabbix-agent。代码如下：

```
systemctl restart zabbix-agent.service
```

④ 等待 1 ～ 3 min，刷新页面，直到"ZBX"变成绿色，如图 3-3-20 所示。

图 3-3-20　服务器问题解决

步骤 6　添加受控机。相关操作如下：

受控主机 (10.0.0.131) 要先执行步骤 1 中 (1)、(2)、(4) 这几步的操作，将防火墙永久关闭，将 SELinux 关闭，然后设置本地源。

(1) 安装 zabbix-agent 客户端。代码如下：

```
yum install zabbix-agent -y
yum install -y psmisc
```

(2) 修改配置文件 (注意：这里是将 127.0.0.1 作为服务器的 IP)。代码如下：

```
sed -i "s/Server=127.0.0.1/Server=10.0.0.130/g" /etc/zabbix/zabbix_agentd.conf
sed -i "s/ServerActive=127.0.0.1/ServerActive=10.0.0.130/g" \
/etc/zabbix/zabbix_agentd.conf
```

(3) 重启 zabbix-agent.service 服务，并设置 zabbix-agent.service 服务开机自动启动。代码如下：

```
systemctl restart zabbix-agent.service
systemctl enable zabbix-agent.service
```

(4) 回到 zabbix 页面，单击"配置"→"主机"→"创建主机" (在右上角)，如图 3-3-21 所示。

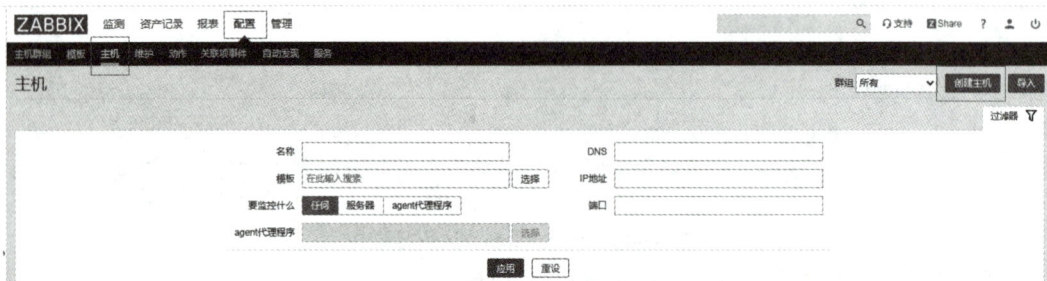

图 3-3-21　创建主机

（5）在"主机名称"栏填写"zabbix-agent"，在"群组"栏选择"zabbix servers"，在"IP 地址"栏填写"10.0.0.131"，如图 3-3-22 所示。

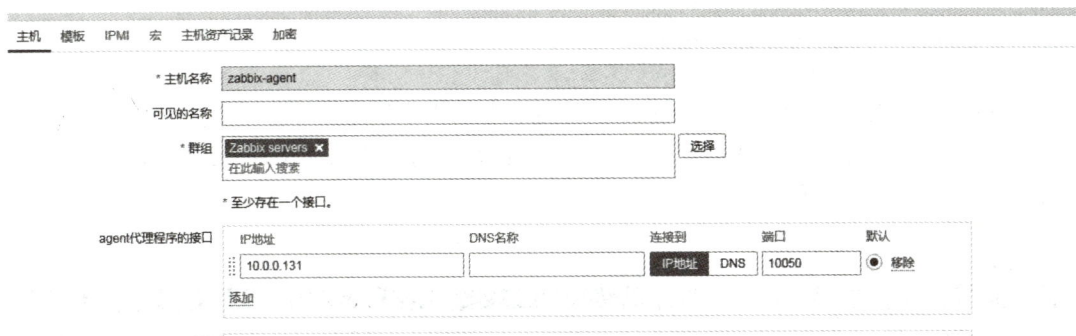

图 3-3-22　填写受控机信息

（6）单击"模板"→"选择"→"Template OS Linux"，然后单击无底色的"添加"按钮，再单击有底色的"添加"按钮，如图 3-3-23 所示。

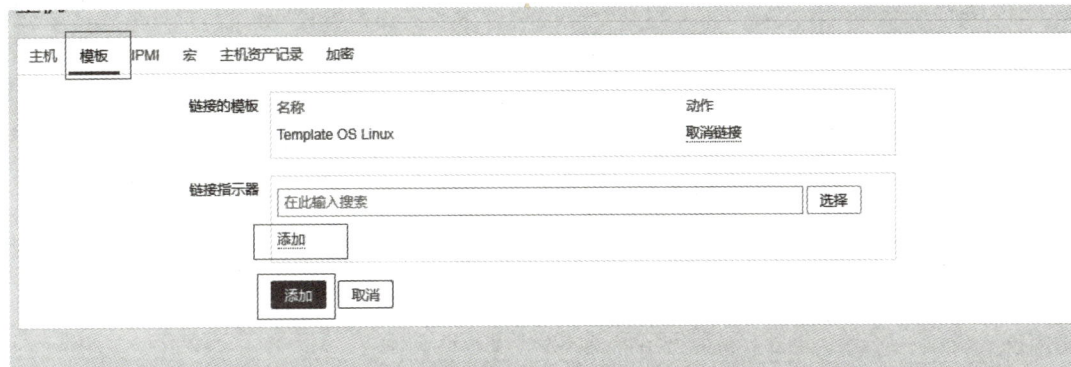

图 3-3-23　选择模板

（7）单击"主机"，等待 3 ～ 5 min，刷新一下页面，如图 3-3-24 所示。

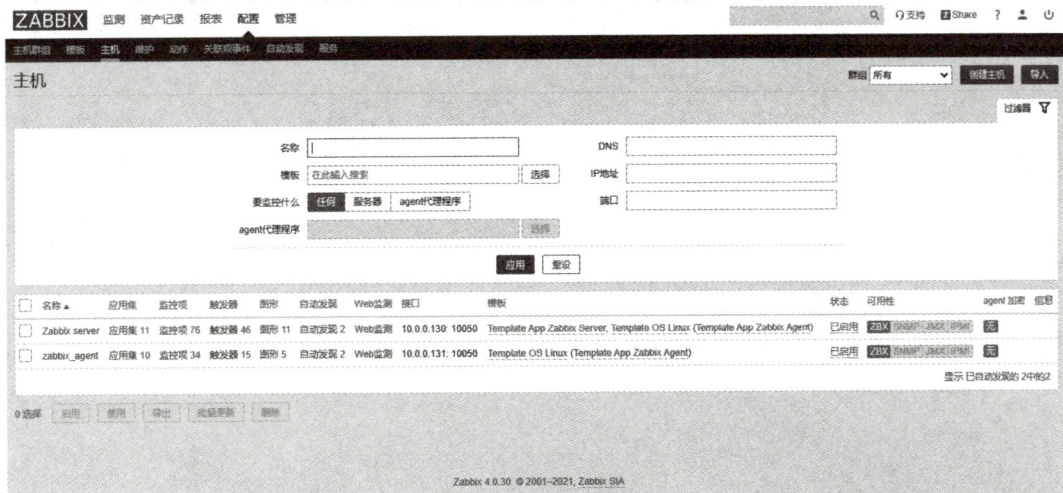

图 3-3-24　新添加的主机可用

步骤 7 验证报警。相关操作如下：

(1) 测试 CPU 满载报警。在 10.0.0.131 服务器执行 CPU.sh 脚本，使服务器处于满载状态，促发报警，代码如下：

```
chmod 777 /home/soft/testCPU.sh
/home/soft/testCPU.sh
```

注意： 执行此脚本会卡住 5 分钟，不要强行中止执行！

(2) 在页面上单击"监测"→"图形"，"主机"选择"zabbix-agent"，"图形"选择"CPU load"，单击"还剩 5 分钟"，如图 3-3-25 所示。

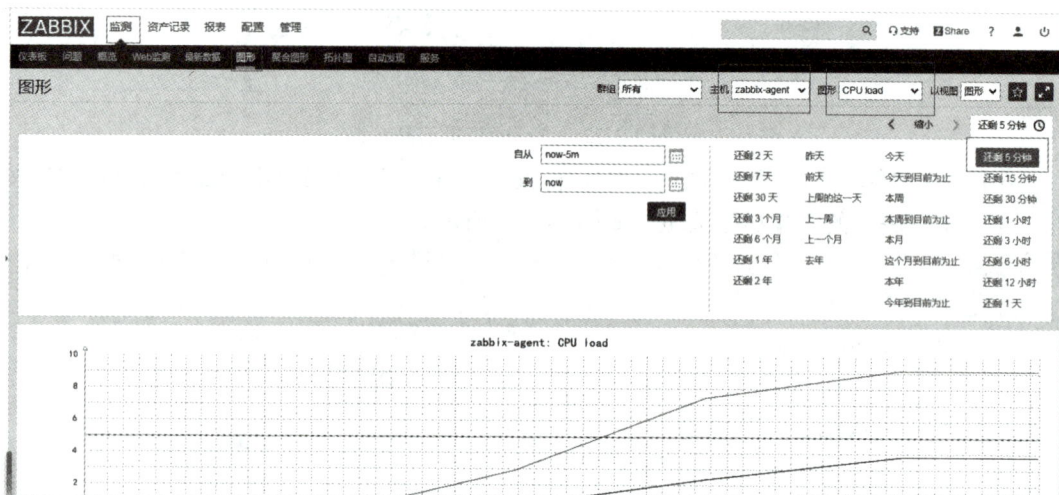

图 3-3-25 查看受控机 CPU 状态

(3) 等待 3～5 min，单击"监测"→"仪表盘"，可看到报警，如图 3-3-26 所示。

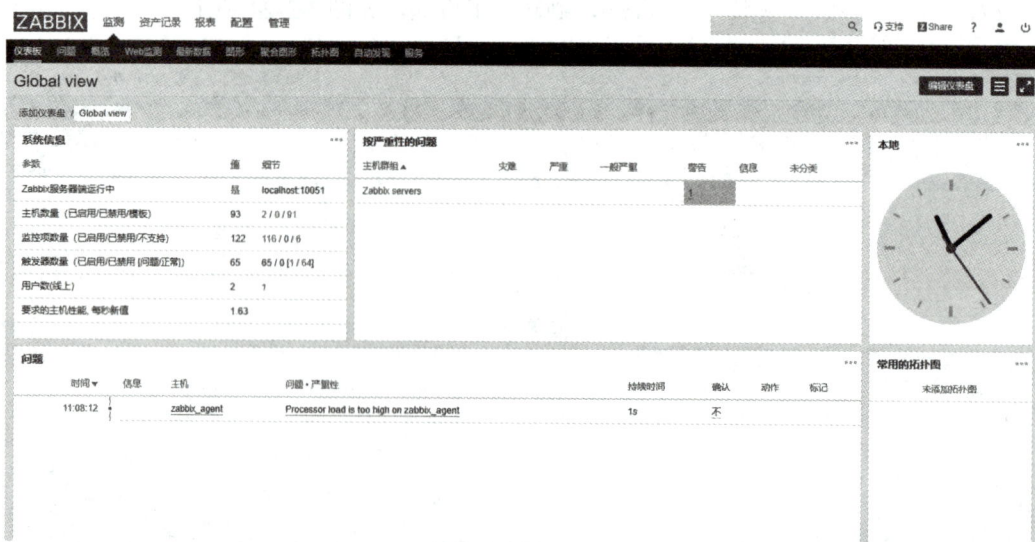

图 3-3-26 查看受控机报警

评价反馈

1. 学生自评

评分项	分 值	作答要求	评审规定	得 分
获取信息	2	问题回答清晰准确，能够紧扣主题，没有明显错误项	对照标准答案，错一项扣 0.5 分，扣完为止	
工作计划	3	工作计划优秀可实施，没有任何细节错误	对照标准答案，错一项扣 0.5 分，扣完为止	
工作实施	4	有具体配置图例，各设备配置清晰正确	未能按工作要求实施，每次扣 1 分，扣完为止	
其他	1	工作过程中能够做到认真仔细，科学严谨	出现消极表现，每次扣 0.5 分，扣完为止	
综合评价及得分				

2. 学生互评

评分项	分 值	作答要求	评审规定	得 分
获取信息	2	问题回答清晰准确，能够紧扣主题，没有明显错误项	对照标准答案，错一项扣 0.5 分，扣完为止	
工作计划	3	工作计划优秀可实施，没有任何细节错误	对照标准答案，错一项扣 0.5 分，扣完为止	
工作实施	4	有具体配置图例，各设备配置清晰正确	未能按工作要求实施，每次扣 1 分，扣完为止	
其他	1	工作过程中能够做到认真仔细，科学严谨	出现消极表现，每次扣 0.5 分，扣完为止	
综合评价及得分				

3. 教师评价

评分项	分 值	作答要求	评审规定	得 分
任务准备	3	学生对任务目标清晰，能做好充分的准备工作	对照准备工作项，未完成一项扣 0.5 分，扣完为止	
任务实施	4	有具体配置图例，各设备配置清晰正确	未能按工作要求实施，每次扣 1 分，扣完为止	
团队合作	2	学生能相互帮助，团结协作	组员之间产生分歧未能及时化解，每次扣 0.5 分，扣完为止	
其他	1	学生在工作过程中能够做到认真仔细，科学严谨	出现消极表现，每次扣 0.5 分，扣完为止	
综合评价及得分				

知识链接

1. zabbix 概述

zabbix 是一个监控软件，可以监控各种网络参数，保证企业服务架构安全运营，同时支持灵活的告警机制，可以使运维人员快速定位故障、解决问题。zabbix 支持分布式功能，支持复杂架构下的监控解决方案，也支持 Web 页面，为主机监控提供了良好的、直观的展现。

2. zabbix 的构成

zabbix 主要由 server、Web 页面、数据库、proxy、agent 这 5 个组件构成。

1）server

server 是 zabbix 的核心组件，server 内部存储了所有的配置信息、统计信息和操作信息。agent 会向 server 报告可用性、完整性及其他统计信息。

2）Web 页面

Web 页面也是 zabbix 的一部分，通常和 server 位于一台物理设备上，但是在特殊情况下也可以分开配置。Web 页面主要提供了直观的监控信息，以方便运维人员监控管理。

3）数据库

数据库中存储了配置信息、统计信息等 zabbix 的相关内容。

4）proxy

proxy 可以根据具体生产环境决定是否采用。如果使用了 proxy，则其会替代 server 采集数据信息，可以很好地分担 server 的负载。proxy 通常运用于架构过大、server 负载过重或者企业设备跨机房、跨网段、server 无法与 agent 直接通信的场景。

5）agent

agent 通常部署在被监控目标上，用于主动监控本地资源和应用程序，并将监控的数据发送给 server。

3. zabbix 的监控对象

zabbix 支持监控各种系统平台，包括 Linux、Windows 等主流操作系统，也可以借助 SNMP 或 SSH 协议监控路由交换设备。

把 zabbix 部署在服务器上，可以监控其 CPU、内存、网络性能等硬件参数，也可以监控具体的服务或应用程序、服务运行情况及性能。

(1) 硬件监控：zabbix IPMI Interface，通过智能平台管理接口 (Intelligent Platform Management Interface，IPMI) 进行监控，可以通过标准的 IPMI 硬件接口监控被监控对象的物理特征，如电压、温度、风扇状态、电源状态等。

(2) 系统监控：zabbix Agent Interface，通过专用的代理程序进行监控，与常见的 master/agent 模型类似。如果被监控对象支持对应的 agent，则推荐首选这种方式。

(3) Java 监控：zabbix JMX Interface，通过 Java 管理扩展 (Java Management Extensions，JMX) 进行监控。监控 JVM(Java Virtual Machine，Java 虚拟机) 时，使用这种方法是非常不错的选择。

(4) 网络设备监控：zabbix SNMP Interface，通过简单网络管理协议 (Simple Network Management Protocol，SNMP) 与被监控对象进行通信。通常无法在路由器、交换机这些硬件上安装 agent，但是这些硬件都支持 SNMP 协议。

(5) 应用服务监控：zabbix Agent UserParameter。

(6) MySQL 数据库监控：percona-monitoring-pluglins。

(7) URL 监控：zabbix Web 监控。

项目 4　服务器安全运维

<table>
<tr><td colspan="4" align="center">项 目 简 介</td></tr>
<tr><td>任务名称</td><td>服务器安全运维</td><td>所属课程</td><td>移动互联系统运维技术</td></tr>
<tr><td>前序任务</td><td>自动运维技术</td><td>课时规划</td><td>12 学时</td></tr>
<tr><td>实施方式</td><td>实际操作</td><td>考核方式</td><td>操作演示</td></tr>
<tr><td>考核点</td><td colspan="3">使用工具进行 rootkit 木马查杀，使用 nmap 进行网络探测和安全审核，使用 DRBD 进行数据备份，使用 extundelete 进行误删恢复</td></tr>
<tr><td>任务简介</td><td colspan="3">安装 rootkit 并进行木马检测，安装 nmap 并进行网络探测和安全审核，安装 DRBD 并进行数据备份，安装 extundelete 并进行误删恢复</td></tr>
<tr><td>设备环境</td><td colspan="3">VMware 虚拟仿真软件</td></tr>
<tr><td>教学方法</td><td colspan="3">采用手把手的教学方法，通过操作训练引导学生掌握服务器设备部署的相关职业技能，同时通过讲解和演示的方式培养学生相关的职业素养</td></tr>
<tr><td colspan="4" align="center">实施人员信息</td></tr>
<tr><td>姓　名</td><td></td><td>班　级</td><td></td><td>学　号</td><td></td><td>电　话</td><td></td></tr>
<tr><td>隶属组</td><td></td><td>组　长</td><td></td><td>岗位分工</td><td></td><td>伙伴成员</td><td></td></tr>
</table>

学习情境描述

网络安全管理是运维中一项很重要的工作，在看似平静的网络运行中，其实暗流汹涌，要保证业务系统稳定运行，网络运维人员必须要了解网络流量状态、带宽的利用率、网络瓶颈等。同时，当网络发生故障时，网络运维人员能及时发现问题、迅速定位问题源并解决问题。随着电商系统的运行，数据量不断增大，造成数据丢失和毁坏的因素也随之增加，这包括数据处理和访问软件平台故障、系统的硬件故障、人为的操作失误、网络内非法访问者的恶意破坏、网络供电系统故障等。那么如何才能保障系统数据的安全呢？

为了保障移动电商系统正常运行，应当采取先进、有效的措施，对数据进行备份、防患于未然。本章将从数据备份重要性展开，从分析数据备份策略到数据备份和恢复工具的使用进行讲解。

学习目标

1. 知识目标

(1) 了解网络安全、服务器安全的概念及其重要性。

(2) 了解保护隐私的重要性。

(3) 理解网络攻击、网络扫描、数据备份以及数据恢复的基本原理。

2. 能力目标

(1) 熟练使用工具进行 rootkit 木马查杀。

(2) 掌握 nmap 的安装和使用，并能够进行网络安全审核。

(3) 掌握 DRBD 的安装和使用，并掌握常用的备份策略。

(4) 掌握 extundelete 的安装和使用。

3. 素质目标

(1) 培养良好的编程习惯和职业素养，以及负责的工作态度。

(2) 学会保护隐私、自觉维护国家信息安全。

(3) 自觉遵守国家法律法规。

(4) 培养艰苦朴素的品质，遇到问题迎难而上。

任务书

1. 任务描述

在 Linux 操作系统中，使用工具进行 rootkit 木马查杀，使用 nmap 进行端口、服务器扫描，使用 DRBD 进行远程数据备份与恢复，使用 extundelete 进行 Linux 系统下误删数据的恢复。

2. 任务要求

(1) 使用工具进行 rootkit 木马查杀。

(2) 正确安装、配置 nmap，并使用 nmap 进行端口扫描。

(3) 正确安装、配置 DRBD，并使用 DRBD 进行远程数据备份与恢复。

(4) 正确安装、配置 extundelete，并使用 extundelete 进行误删数据的恢复。

任务分组

按照以上的任务描述和任务要求，学生自由进行分组，分别完成不同的任务。比如队员 1 进行理论知识收集，队员 2 进行操作，队员 3 对完成结果进行检查复核等，将分组情况填入表 4-0-1 中。

表 4-0-1　学生任务分配表

班　级		组　号		指导老师	
组　长		学　号			
组　员	姓　名	学　号	姓　名		学　号
任务分工					

任务 4.1　使用安全检查工具进行服务器安全检查

任　务　简　介			
任务名称	使用安全检查工具进行服务器安全检查	所属课程	移动互联系统运维技术
前序任务	无	课时规划	4 学时
实施方式	实际操作	考核方式	操作演示
考核点	熟练使用安全检查工具，熟练使用 nmap 常用命令		
任务简介	使用安全检查工具进行 rootkit 木马查杀，使用 nmap 进行端口、服务器扫描		
设备环境	CentOS 7.4 系统		
教学方法	采用手把手的教学方法，通过操作训练引导学生掌握服务器设备部署的相关职业技能，同时通过讲解和演示的方式培养学生相关的职业素养		
实施人员信息			
姓　名	班　级	学　号	电　话
隶属组	组　长	岗位分工	伙伴成员

获取信息

引导问题 1：写出你所了解到的网络病毒和木马。

_____

_____

_____

引导问题2：简要写出电脑病毒和木马的危害。

_____

_____

_____

引导问题3：简要写出防范电脑病毒和木马的措施。

_____

_____

_____

小提示

计算机木马病毒的危害：

(1) 盗取网游账号，威胁虚拟财产的安全。木马病毒会盗取网游账号，在盗取账号后立即将账号中的游戏装备转移，再由木马病毒使用者出售这些盗取的游戏装备和游戏币而获利。

(2) 盗取网银信息，威胁真实财产安全。木马采用键盘记录等方式盗取被木马植入方的网银账号和密码，并发送给黑客，直接导致被木马植入方的经济损失。

(3) 利用即时通信软件盗取被木马植入方的身份信息，传播木马病毒。中了此类木马病毒后，可能导致被木马植入方的经济损失。在中了木马后电脑会下载病毒作者指定的任意程序，具有不确定的危害性，有时或许只是个恶作剧等。

(4) 给被木马植入方的电脑打开后门，使其可能被黑客控制。

工作计划

1. 工作准备

为了完成本任务，首先要下载配套资源；其次需要查找资料，了解服务器安全的重要性、服务器扫描的方法和计算机木马病毒的危害等；最后，掌握 nmap 软件的简单使用。

2. 列出软件和工具清单

试写出本任务可能涉及的软件和工具，并将它们的版本和功能填入表 4-1-1 中。

表 4-1-1　软件 / 工具清单

软件 / 工具	版　本	功　能

进行决策

根据计算机环境和实操前的工作准备，确定软件版本和实操流程。

_____

_____

_____

_____

工作实施

1. 实施要求或注意事项

引导问题 1：rootkit 木马是什么？它有什么特点？

_____

_____

_____

_____

引导问题 2：常用的 rookit 扫描工具有哪些？

_____

_____

_____

引导问题 3：nmap 的功能有哪些？如何进行安全审核？

_____

_____

_____

_____

2. 实施步骤

为了完成本任务，可以参考以下的步骤进行操作。

步骤 1   环境准备。

需要先准备 1 台服务器，这台服务器系统是 CentOS 7.4，安装选择基础服务器，并且要能连接外网。

步骤 2   使用后门检测工具 chkrootkit 检测 rootkit。具体操作如下：

(1)   使用命令 ping www.baidu.com -c 4 确保系统能正常联网。

(2)   使用连接工具把实验用到的软件全部上传到 /home/soft 目录，如图 4-1-1 所示。

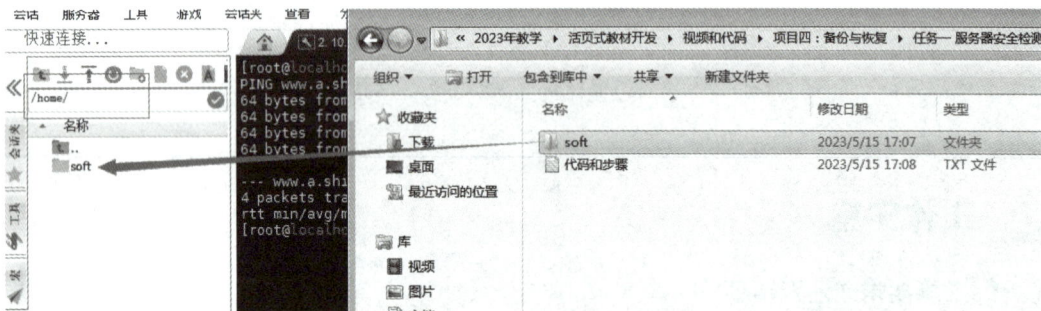

图 4-1-1   上传配套软件包

(3)   安装编译环境。相关代码如下：

```
yum -y install gcc
yum -y install gcc-c++
yum -y install make
```

(4)   解压 tar 包。相关代码如下：

```
cd  /home/soft
tar zxf chkrootkit.tar.gz
```

(5)   编译安装 chkrootkit。相关代码如下：

```
cd chkrootkit-*
make sense
```

结果如图 4-1-2 所示。

图 4-1-2   编译安装 chkrootkit

(6)   移动软件到 /usr/local/chkrootkit。相关代码如下：

```
cd ..
cp -r chkrootkit-* /usr/local/chkrootkit
rm -rf chkrootkit-*
```

(7) 执行检测。相关代码如下：

```
/usr/local/chkrootkit/chkrootkit
```

结果如图 4-1-3 所示。

```
Searching for anomalies in shell history files... nothing found
Checking `asp'... not infected
Checking `bindshell'... not infected
Checking `lkm'... chkproc: nothing detected
chkdirs: nothing detected
Checking `rexedcs'... not found
Checking `sniffer'... ens33: PF_PACKET(/usr/sbin/dhclient)
Checking `w55808'... not infected
Checking `wted'... chkwtmp: nothing deleted
Checking `scalper'... not infected
Checking `slapper'... not infected
Checking `z2'... chklastlog: nothing deleted
Checking `chkutmp'... not tested: can't exec ./chkutmp
Checking `OSX_RSPLUG'... not tested
[root@localhost chkrootkit-0.52]# 
```

图 4-1-3 rookit 检测结束

步骤 3   使用后门检测工具 RKHunter 检测 rootkit。具体操作如下：

(1) 安装编译环境。相关代码如下：

```
yum -y install gcc
yum -y install gcc-c++
yum -y install make
```

(2) 解压 tar 包。相关代码如下：

```
cd  /home/soft
tar zxf rkhunter-1.4.6.tar.gz
```

(3) 编译安装 chkrootkit。相关代码如下：

```
cd rkhunter-*
./installer.sh --install
```

(4) 执行检测。相关代码如下：

```
rkhunter --check --sk
```

结果如图 4-1-4 所示。

```
System checks summary
=====================

File properties checks...
    Files checked: 133
    Suspect files: 6

Rootkit checks...
    Rootkits checked : 498
    Possible rootkits: 0

Applications checks...
    All checks skipped

The system checks took: 1 minute and 30 seconds

All results have been written to the log file: /var/log/rkhunter.log

One or more warnings have been found while checking the system.
Please check the log file (/var/log/rkhunter.log)
```

图 4-1-4 rookit 检测结束

步骤 4　使用 nmap 工具进行网络探测和安全审核。具体操作如下：

(1) 安装 nmap。相关代码如下：

```
cd  /home/soft
rpm -Uvh nmap-*
```

(2) 使用 nmap 典型用法，查看目标主机在线情况。相关代码如下：

```
nmap  10.0.0.166              # 本机 IP
```

结果如图 4-1-5 所示。

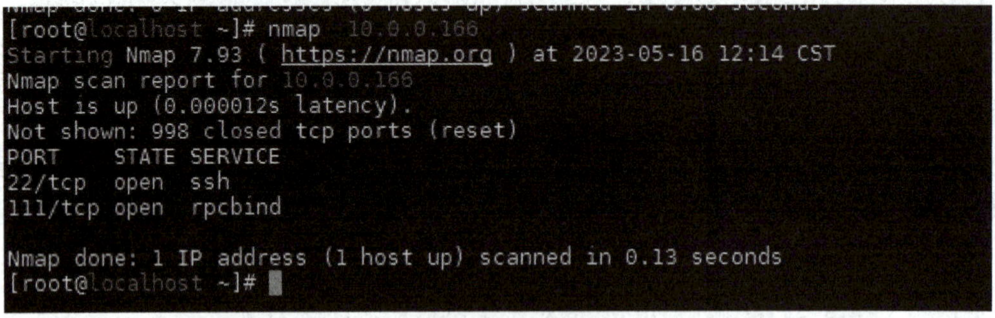

```
[root@localhost ~]# nmap  10.0.0.166
Starting Nmap 7.93 ( https://nmap.org ) at 2023-05-16 12:14 CST
Nmap scan report for 10.0.0.166
Host is up (0.000012s latency).
Not shown: 998 closed tcp ports (reset)
PORT     STATE SERVICE
22/tcp   open  ssh
111/tcp  open  rpcbind

Nmap done: 1 IP address (1 host up) scanned in 0.13 seconds
[root@localhost ~]#
```

图 4-1-5　nmap 典型用法

(3) 完成主机发现，需要在联网的服务器上执行。相关代码如下：

```
nmap -sn -PE -PS22,80 -PU53 www.Linux.com
```

结果如图 4-1-6 所示。

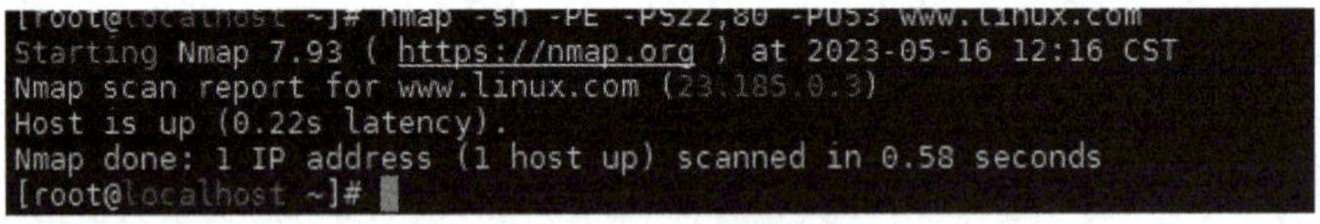

```
[root@localhost ~]# nmap -sn -PE -PS22,80 -PU53 www.linux.com
Starting Nmap 7.93 ( https://nmap.org ) at 2023-05-16 12:16 CST
Nmap scan report for www.linux.com (23.185.0.3)
Host is up (0.22s latency).
Nmap done: 1 IP address (1 host up) scanned in 0.58 seconds
[root@localhost ~]#
```

图 4-1-6　nmap 主机发现

评价反馈

1. 学生自评

评分项	分　值	作答要求	评审规定	得　分
获取信息	2	问题回答清晰准确，能够紧扣主题，没有明显错误项	对照标准答案，错一项扣 0.5 分，扣完为止	
工作计划	3	工作计划优秀可实施，没有任何细节错误	对照标准答案，错一项扣 0.5 分，扣完为止	
工作实施	4	有具体配置图例，各设备配置清晰正确	未能按工作要求实施，每次扣 1 分，扣完为止	
其他	1	工作过程中能够做到认真仔细，科学严谨	出现消极表现，每次扣 0.5 分，扣完为止	
综合评价及得分				

2. 学生互评

评分项	分　值	作答要求	评审规定	得　分
获取信息	2	问题回答清晰准确，能够紧扣主题，没有明显错误项	对照标准答案，错一项扣0.5分，扣完为止	
工作计划	3	工作计划优秀可实施，没有任何细节错误	对照标准答案，错一项扣0.5分，扣完为止	
工作实施	4	有具体配置图例，各设备配置清晰正确	未能按工作要求实施，每次扣1分，扣完为止	
其他	1	工作过程中能够做到认真仔细，科学严谨	出现消极表现，每次扣0.5分，扣完为止	
综合评价及得分				

3. 教师评价

评分项	分　值	作答要求	评审规定	得　分
任务准备	3	学生对任务目标清晰，能够做好充分的准备工作	对照准备工作项，未完成一项扣0.5分，扣完为止	
任务实施	4	有具体配置图例，各设备配置清晰正确	未能按工作要求实施，每次扣1分，扣完为止	
团队合作	2	学生能相互帮助，团结协作	组员之间产生分歧未能及时化解，每次扣0.5分，扣完为止	
其他	1	学生在工作过程中能够做到认真仔细，科学严谨	出现消极表现，每次扣0.5分，扣完为止	
综合评价及得分				

知识链接

1. nmap 简介

nmap 是一款开源免费的网络发现 (Network Discovery) 和安全审计 (Security Auditing)

工具。软件名 nmap 是 Network Mapper 的简称。nmap 最初是由 Fyodor 在 1997 年开始创建的，随后在开源社区众多的志愿者参与下，该工具逐渐成为最为流行的安全必备工具之一。最新版的 nmap 7.94 在 2023 年 5 月 20 日发布，详情请参见 www.nmap.org。

一般情况下，nmap 用于列举网络主机清单、管理服务升级调度、监控主机或服务运行状况。nmap 可以检测目标机是否在线、端口开放情况、侦测运行的服务类型及版本信息、侦测操作系统与设备类型等信息。

2. nmap 的优点

nmap 的优点如下：

(1) 灵活。nmap 支持数十种不同的扫描方式，支持多种目标对象的扫描。

(2) 强大。nmap 可以用于扫描互联网上大规模的计算机。

(3) 可移植。nmap 支持主流操作系统 Windows/Linux/UNIX/MacOS 等，源码开放，方便移植。

(4) 简单。nmap 提供的默认操作能覆盖大部分功能，包括基本端口扫描 nmap targetip 和全面扫描 nmap -A targetip。

(5) 自由。nmap 作为开源软件，在 GPL License 的范围内可以自由使用。

(6) 文档丰富。nmap 官网提供了详细的文档描述，nmap 作者及其他安全专家编写了多部 nmap 参考书籍。

(7) 社区支持。nmap 背后有强大的社区团队支持。

(8) 赞誉有加。nmap 获得很多的奖励，并在很多影视作品中出现 (如黑客帝国 2、Die Hard4 等)。

(9) 流行。目前 nmap 已经被成千上万的安全专家列为必备的工具之一。

3. nmap 的功能

nmap 包含四项基本功能：主机发现 (Host Discovery)、端口扫描 (Port Scanning)、版本检测 (Version Detection)、操作系统检测 (Operating System Detection)。这四项功能之间又存在一定的依赖关系 (通常情况下的顺序关系，但特殊应用另外考虑)：首先需要进行主机发现，其次确定端口状况，然后确定端口运行的具体服务类型与版本信息，最后进行操作系统的检测。在四项基本功能的基础上，nmap 提供了防火墙与入侵检测系统 (Intrusion Detection System，IDS) 规避风险的技巧，可以综合应用到四个基本功能的各个阶段；另外 nmap 提供强大的 NSE(Nmap Scripting Engine) 脚本引擎功能，脚本可以对基本功能进行补充和扩展。

(1) 主机发现功能：向目标计算机发送特制的数据包组合，然后根据目标的反应来确定它是否处于开机并连接到网络的状态。

(2) 端口扫描：向目标计算机的指定端口发送特制的数据包组合，然后根据目标端口的反应来判断它是否开放。

(3) 服务类型及版本检测：向目标计算机的目标端口发送特制的数据包组合，然后根据目标的反应来检测它运行的具体服务类型和版本信息。

(4) 操作系统检测：向目标计算机发送特制的数据包组合，然后根据目标的反应来检测它的操作系统类型和版本。

任务 4.2　使用 DRBD 进行数据备份

任务简介			
任务名称	使用 DRBD 进行数据备份	所属课程	移动互联系统运维技术
前序任务	安装好 CentOS 7.4 操作系统	课时规划	4 学时
实施方式	实际操作	考核方式	操作演示
考核点	DRBD 的安装、DRBD 的配置、DRBD 进行数据备份的方式		
任务简介	使用 DRBD 进行数据备份		
设备环境	VMware 虚拟仿真软件		
教学方法	采用手把手的教学方法，通过操作训练引导学生掌握服务器设备部署的相关职业技能，同时通过讲解和演示的方式培养学生相关的职业素养		
实施人员信息			
姓　名		班　级		学　号		电　话	
隶属组		组　长		岗位分工		伙伴成员	

获取信息

引导问题 1：为什么要进行数据备份？

_____

_____

_____

_____

引导问题 2：常用的备份策略有哪些？简述其特点。

_____

_____

_____

_____

引导问题 3：从数据安全的角度，谈一谈你对备份的认识。

_____

_____

_____

_____

_____

▓▓小提示

在信息的收集、处理、存储、传输和分发中经常会遇到一些问题，其中最值得关注的就是系统失效、数据丢失或遭到破坏。威胁数据的安全，造成系统失效的主要原因有硬盘驱动器损坏、人为错误、黑客攻击、病毒、自然灾害、电源浪涌、磁干扰。

因此，数据备份与数据恢复是保护数据的最后手段，也是防止主动型信息攻击的最后一道防线。

工作计划

1. 工作准备

为了完成本任务，首先要下载配套的资源；其次需要查找资料，熟悉 DRBD 软件，了解 DRBD 软件的版本、安装流程和使用场景，掌握 DRBD 软件的简单配置等。

2. 列出软件和工具清单

试写出本任务可能涉及的软件和工具，并将它们的版本和功能填入表 4-2-1 中。

表 4-2-1　软件 / 工具清单

软件 / 工具	版　本	功　能

进行决策

根据计算机环境和实操前的工作准备，决定软件版本和实操流程。

_____

_____

_____

工作实施

1. 实施要求或注意事项

引导问题 1：安装 DRBD 需要先配置什么？

_____

_____

_____

_____

引导问题 2：DRBD 相对于普通磁盘或 U 盘有什么优势和不足？

_____

_____

_____

_____

引导问题 3：如何验证 DRBD 数据同步成功？

_____

_____

_____

_____

2. 实施步骤

为了实现本任务，可以参考以下的步骤进行操作。

步骤 1　环境准备。

需要先准备两台服务器：一台作为"主机"，IP 为 10.0.0.14；一台作为"备用机"，IP 为 10.0.0.15。主机和备用机系统都是 CentOS 7.4，安装选择基础服务器，主机和备用机都要能连接外网。

以下 (1) ～ (2) 在主机和备用机上都要执行。

(1) 永久关闭防火墙。相关代码如下：

```
systemctl stop firewalld.service
systemctl disable firewalld.service
```

(2) 永久关闭 SELinux。相关代码如下：

```
sed -i 's/SELinux=enforcing/SELinux=disabled/g' /etc/seLinux/config
setenforce 0
```

(3) 时间同步。

以下操作都要在主机 (10.0.0.14) 上执行。

① 安装 chrony。代码如下：

```
yum -y install chrony
```

② 修改配置文件。代码如下：

```
sed -i 's/server 0.CentOS.pool.ntp.org iburst/#server 0.CentOS.pool.ntp.org iburst/g' \
 /etc/chrony.conf
sed -i 's/server 1.CentOS.pool.ntp.org iburst/#server 1.CentOS.pool.ntp.org iburst/g' \
/etc/chrony.conf
sed -i 's/server 2.CentOS.pool.ntp.org iburst/#server 2.CentOS.pool.ntp.org iburst/g' \
/etc/chrony.conf
sed -i 's/server 3.CentOS.pool.ntp.org iburst/server ntp2.aliyun.com iburst/g' \
 /etc/chrony.conf
```

③ 设置开机自启。代码如下：

```
systemctl enable chronyd.service
```

④ 启动时间同步服务。代码如下：

```
systemctl start chronyd.service
timedatectl set-ntp true
systemctl restart chronyd.service
```

以下操作都要在备用机 (10.0.0.15) 上执行。

⑤ 安装 chrony。代码如下：

```
yum -y install chrony
```

⑥ 修改配置文件。代码如下：

```
sed -i 's/server 0.CentOS.pool.ntp.org iburst/#server 0.CentOS.pool.ntp.org iburst/g' \
/etc/chrony.conf
sed -i 's/server 1.CentOS.pool.ntp.org iburst/#server 1.CentOS.pool.ntp.org iburst/g' \
/etc/chrony.conf
sed -i 's/server 2.CentOS.pool.ntp.org iburst/#server 2.CentOS.pool.ntp.org iburst/g' \
/etc/chrony.conf
sed -i 's/server 3.CentOS.pool.ntp.org iburst/server 10.0.0.14 iburst/g' /etc/chrony.conf
```

⑦ 设置开机自启。代码如下：

```
systemctl enable chronyd.service
```

⑧ 启动时间同步服务。代码如下：

```
systemctl start chronyd.service
timedatectl set-ntp true
systemctl restart chronyd.service
```

⑨ 验证 (在主机和备用机上都要运行)。代码如下：

```
chronyc sources
```

结果如图 4-2-1 所示。

图 4-2-1　验证时间同步

以下 (4) ～ (7) 在主机和备用机上都要执行。

(4) 更新内核 (需在两个节点上同时操作)。相关代码如下：

```
yum -y install kernel-devel kernel kernel-headers
```

(5) 添加一块硬盘 (需在两个节点上同时操作，实验使用时设置为 5 GB 以下即可)。

① 给虚拟机新添加一块硬盘做备份用。

② 右击"虚拟机"，单击"设置"→"添加"→"硬盘"，结果如图 4-2-2 所示。

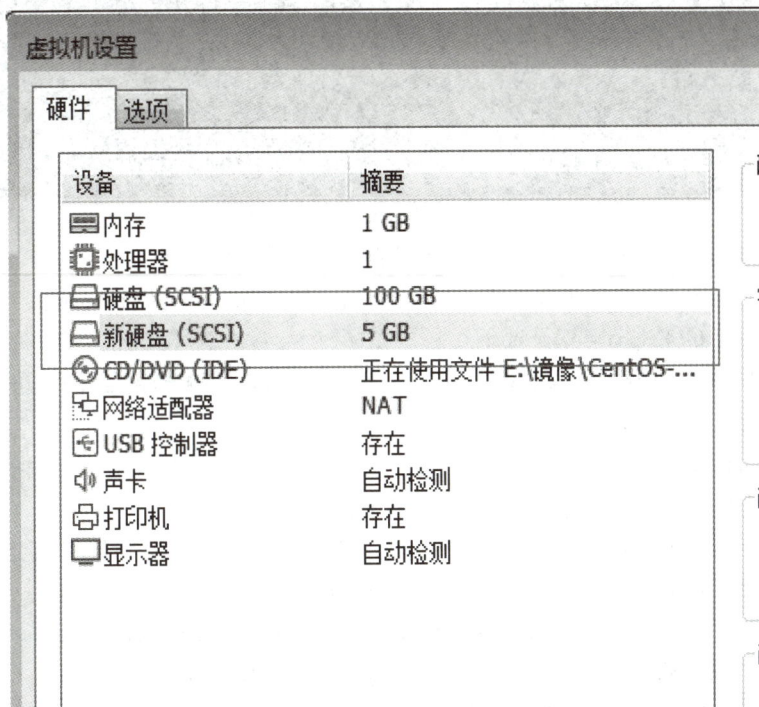

图 4-2-2　添加新硬盘

(6) 重启 (需在两个节点上同时操作)。相关代码如下：

```
reboot
```

(7) 上传 soft 资源包到 linxu 的 /home 目录中。如图 4-2-3 所示。

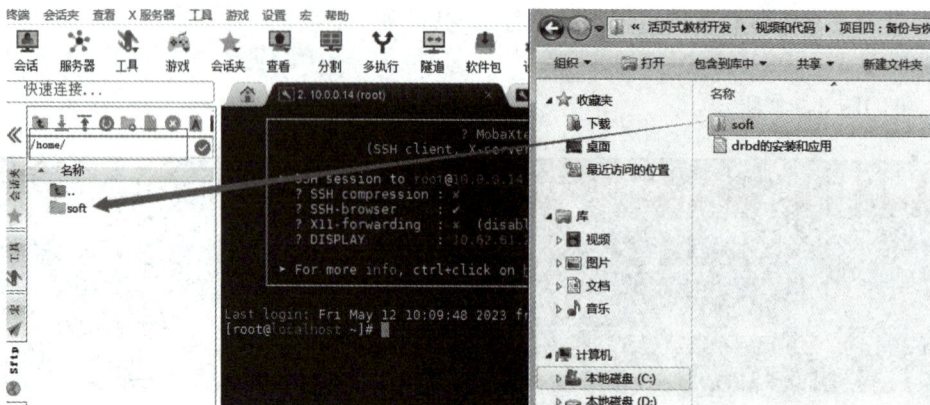

图 4-2-3　上传 soft 到 /home 目录

步骤 2　安装 DRBD(需在两个节点上同时操作)。相关代码如下：

```
cd /home/soft

rpm -ivh elrepo-release-7.0-4.el7.elrepo.noarch.rpm

yum install -y drbd84-utils kmod-drbd84
```

结果如图 4-2-4 所示。

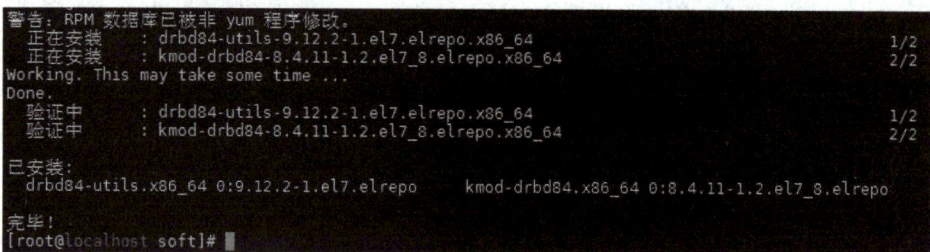

图 4-2-4　DRBD 安装完成

步骤 3　配置 DRBD(需在两个节点上同时操作)。具体操作如下：

(1) 修改主机 hosts 文件 (需在两个节点上同时操作)。相关代码如下：

```
echo '10.0.0.14 alpha' >> /etc/hosts              #( 注意修改为自己的主机 IP)

echo '10.0.0.15 bravo' >> /etc/hosts              #( 注意修改为自己的备用机 IP)
```

① 在主机 (10.0.0.14) 上执行。代码如下：

```
hostnamectl set-hostname alpha
```

② 在备用机 (10.0.0.15) 上执行。代码如下：

```
hostnamectl set-hostname bravo
```

(2) 备份默认配置 (需在两台机子上操作)。相关代码如下：

```
mv /etc/drbd.d/global_common.conf /etc/drbd.d/global_common.conf.orig
```

(3) 创建全局配置 (需在两台机子上操作)。相关代码如下：

```
cat << EOF > /etc/drbd.d/global_common.conf

global {usage-count no;}

common {net {protocol C;}}

EOF
```

(4) 创建资源配置文件 (需在两台机子上操作，注意修改 IP)。相关代码如下：

```
cat << EOF > /etc/drbd.d/drbd0.res
resource drbd0 {
  disk /dev/sdb;
  device /dev/drbd0;
  meta-disk internal;
  on alpha {address 10.0.0.14:7789;}
  on bravo {address 10.0.0.15:7789;}}
EOF
```

(5) 初始化设备元文件 (需在两台机子上操作)。相关代码如下：

```
drbdadm create-md drbd0
```

结果如图 4-2-5 所示。

```
> EOF
[root@localhost soft]#
[root@localhost soft]# drbdadm create-md drbd0
initializing activity log
initializing bitmap (160 KB) to all zero
Writing meta data...
New drbd meta data block successfully created.
[root@localhost soft]#
```

图 4-2-5　初始化设备元文件完成

(6) 启动系统服务 (需在两台机子上操作)。相关代码如下：

```
systemctl start drbd
systemctl enable drbd
```

(7) 在主机 (10.0.0.14) 上操作，启动设备并使其成为主节点。相关代码如下：

```
drbdadm up drbd0
drbdadm primary drbd0
```

结果如图 4-2-6 所示。

```
s/system/drbdservice!
[root@localhost soft]# drbdadm up drbd0
Device '0' is configured!
Command 'drbdmeta 0 v08 /dev/sdb internal apply-al' terminated with exit code 20
[root@localhost soft]# drbdadm primary drbd0
0: State change failed: (-2) Need access to UpToDate data
Command 'drbdsetup-84 primary 0' terminated with exit code 17
```

图 4-2-6　设置为主节点失败

如果启用主节点命令失败，就需要使用以下命令：

```
drbdadm primary drbd0 --force
```

(8) 在备用机 (10.0.0.15) 上操作，启动设备。相关代码如下：

```
drbdadm up drbd0
cat /proc/drbd                    # 查看同步进程 ( 需要等到 100%)
```

结果如图 4-2-7 所示。

```
finish: 0:00:17 speed: 42,752 (33,554) K/sec
[root@localhost soft]# cat /proc/drbd
version: 8.4.11-1 (api:1/proto:86-101)
GIT-hash: 66145a308421e9c124ec391a7848ac20203bb03c build by mockbuild@, 2020-04-05 02:58:18
 0: cs:Connected ro:Primary/Secondary ds:UpToDate/UpToDate C r-----
    ns:5242684 nr:0 dw:0 dr:5244780 al:8 bm:0 lo:0 pe:0 ua:0 ap:0 ep:1 wo:f oos:0
[root@localhost soft]#
```

图 4-2-7　同步进程完成

(9) 在主机 (10.0.0.14) 上执行以下命令创建文件系统并挂载。相关代码如下：

```
mkfs.xfs /dev/drbd0                    # 格式化 XFS 文件系统
mount /dev/drbd0 /mnt                   # 挂载为 mnt
```

结果如图 4-2-8 所示。

```
[root@localhost soft]# mkfs.xfs /dev/drbd0
meta-data=/dev/drbd0              isize=512    agcount=4, agsize=327668 blks
         =                        sectsz=512   attr=2, projid32bit=1
         =                        crc=1        finobt=0, sparse=0
data     =                        bsize=4096   blocks=1310671, imaxpct=25
         =                        sunit=0      swidth=0 blks
naming   =version 2               bsize=4096   ascii-ci=0 ftype=1
log      =internal log            bsize=4096   blocks=2560, version=2
         =                        sectsz=512   sunit=0 blks, lazy-count=1
realtime =none                    extsz=4096   blocks=0, rtextents=0
[root@localhost soft]# mount /dev/drbd0 /mnt
[root@localhost soft]#
```

图 4-2-8　挂载完成

步骤 4　数据备份验证。具体操作如下：

(1) 在主机 (10.0.0.14) 上创建测试文件。相关代码如下：

```
touch /mnt/file{1..3}
ls -l /mnt
```

结果如图 4-2-9 所示。

```
[root@localhost soft]# touch /mnt/file{1..3}
[root@localhost soft]# ls -l /mnt
总用量 0
-rw-r--r-- 1 root root 0 5月  12 11:00 file1
-rw-r--r-- 1 root root 0 5月  12 11:00 file2
-rw-r--r-- 1 root root 0 5月  12 11:00 file3
[root@localhost soft]#
[root@localhost soft]#
```

图 4-2-9　创建测试文件

(2) 主机 (10.0.0.14) 卸载文件系统并切换为备节点。相关代码如下：

```
umount /mnt
drbdadm secondary drbd0
```

(3) 在备用机 (10.0.0.15) 上执行以下命令确认文件。相关代码如下：

```
drbdadm primary drbd0                   # 将 10.0.0.15 切换成主机
mount /dev/drbd0 /mnt                    # 将同步磁盘挂载到 /mnt
ls -l /mnt                               # 查看数据同步情况
```

结果如图 4-2-10 所示。

```
2. 10.0.0.14 (root)                    3. 10.0.0.15 (root)
[root@localhost ~]# #将10.0.0.15切换成主机
[root@localhost ~]# drbdadm primary drbd0
[root@localhost ~]# #将同步磁盘挂载到/mnt
[root@localhost ~]# mount /dev/drbd0 /mnt
[root@localhost ~]# #查看数据同步情况
[root@localhost ~]# ls -l /mnt
总用量 0
-rw-r--r-- 1 root root 0 5月  12 11:00 file1
-rw-r--r-- 1 root root 0 5月  12 11:00 file2
-rw-r--r-- 1 root root 0 5月  12 11:00 file3
[root@localhost ~]#
```

图 4-2-10　验证文件同步到备用机

(4) 在备用机 (10.0.0.15) 上将 soft 复制到同步目录中，验证同步。相关代码如下：

```
cd
cp -r /home/soft  /mnt                # 将 soft 复制到 /mnt 中进行同步
umount /mnt                           # 卸载 /mnt 目录
drbdadm secondary drbd0               # 将 10.0.0.15 切换成备机
```

(5) 在主机 (10.0.0.14) 上执行以下命令确认数据同步。相关代码如下：

```
drbdadm primary drbd0                 # 将 10.0.0.14 切换成主机
mount /dev/drbd0 /mnt                 # 将同步磁盘挂载到 /mnt
ls -l  /mnt                           # 查看数据同步情况
```

结果如图 4-2-11 所示。

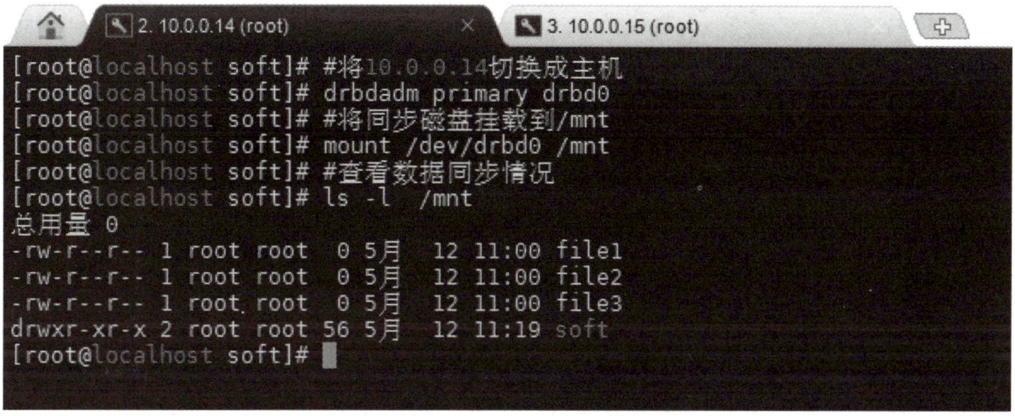

图 4-2-11　验证数据双向同步

评价反馈

1. 学生自评

评分项	分 值	作答要求	评审规定	得　分
获取信息	2	问题回答清晰准确，能够紧扣主题，没有明显错误项	对照标准答案，错一项扣 0.5 分，扣完为止	
工作计划	3	工作计划优秀可实施，没有任何细节错误	对照标准答案，错一项扣 0.5 分，扣完为止	
工作实施	4	有具体配置图例，各设备配置清晰正确	未能按工作要求实施，每次扣 1 分，扣完为止	
其他	1	工作过程中能够做到认真仔细，科学严谨	出现消极表现，每次扣 0.5 分，扣完为止	
综合评价及得分				

2. 学生互评

评分项	分 值	作答要求	评审规定	得 分
获取信息	2	问题回答清晰准确，能够紧扣主题，没有明显错误项	对照标准答案，错一项扣0.5 分，扣完为止	
工作计划	3	工作计划优秀可实施，没有任何细节错误	对照标准答案，错一项扣0.5 分，扣完为止	
工作实施	4	有具体配置图例，各设备配置清晰正确	未能按工作要求实施，每次扣 1 分，扣完为止	
其他	1	工作过程中能够做到认真仔细，科学严谨	出现消极表现，每次扣0.5 分，扣完为止	
综合评价及得分				

3. 教师评价

评分项	分 值	作答要求	评审规定	得 分
任务准备	3	学生对任务目标清晰，能够做好充分的准备工作	对照准备工作项，未完成一项扣 0.5 分，扣完为止	
任务实施	4	有具体配置图例，各设备配置清晰正确	未能按工作要求实施，每次扣 1 分，扣完为止	
团队合作	2	学生能相互帮助，团结协作	组员之间产生分歧未能及时化解，每次扣 0.5 分，扣完为止	
其他	1	学生在工作过程中能够做到认真仔细，科学严谨	出现消极表现，每次扣0.5 分，扣完为止	
综合评价及得分				

知识链接

1. DRBD 介绍

DRBD(Distributed Replicated Block Device) 是一种基于软件的、无共享的、分布式块设备复制的存储解决方案，对不同的服务器块设备 (硬盘、分区、逻辑卷等) 进行镜像。也就是说当某一个应用程序完成写操作后，它提交的数据不仅仅会保存在本地块设备上，DRBD 也会将这份数据复制一份，通过网络传输到另一个节点的块设备上，这样，两个节点的块设备上的数据将会保存一致，这就是镜像功能。

DRBD 由内核模块和相关脚本构成，用以构建高可用性的集群，其实现方式是通过网络来镜像整个设备。它允许用户在远程机器上建立一个本地块设备的实时镜像。与心跳连接结合使用，可以把它看作一种网络 RAID。

2. DRBD 的工作原理

DRBD 是 Linux 内核存储层中的一个分布式存储系统，可以使用 DRBD 在两台 Linux 服务器之间共享块设备，共享文件系统和数据。

DRBD 是一种块设备，可用于高可用 (HA) 之中，它类似于一个网络 RAID-1 功能。

当把数据写入 DRBD 主机时，数据还将会被发送给网络中的 DRBD 备用机，以相同的形式记录在一个文件系统中。本地 (主节点) 与远程主机 (备节点) 的数据可以保证实时同步。当本地系统出现故障时，DRBD 备用机还会保留一份相同的数据，可以继续使用。在高可用 (HA) 中使用 DRBD 功能，可以代替一个共享盘阵。因为数据同时存在于 DRBD 主机和 DRBD 备用机，切换时，DRBD 备用机只要使用它上面的那份备份数据，就可以继续进行服务了。

DRBD 主机 (DRBD Primary) 负责接收数据，把数据写到本地磁盘并发送给 DRBD 备用机 (DRBD Secondary)，DRBD 备用机再将数据存到自己的磁盘中。

目前，DRBD 每次只允许对一个节点进行读写访问，但这对于通常的故障切换高可用集群来说已经足够用了。

以后的版本将支持两个节点进行读写存取。

3. DRBD 的资源

在 DRBD 中，资源是所有可复制移动存储设备的总称。

(1) 资源名称：资源名称可以是除了空白字符以外的任意 ASCII 码字符。

(2) DRBD 设备：DRBD 的虚拟块设备。在双方节点上，DRBD 设备的设备文件命名方式一般为 /dev/drbdN，其主设备号为 147，N 是次设备号。

(3) 磁盘配置：DRBD 内部应用需要本地数据副本、元数据。在双方节点上，需要配置各自提供的存储设备作为数据的存储设备。

(4) 网络配置：双方数据同步时所使用的网络属性。

任务 4.3　使用 extundelete 进行 Linux 系统下的误删恢复

任 务 简 介			
任务名称	使用 extundelete 进行 Linux 系统下的误删恢复	所属课程	移动互联系统运维技术
前序任务	使用 DRBD 进行数据备份	课时规划	4 学时
实施方式	实际操作	考核方式	操作演示
考核点	extundelete 软件安装、extundelete 配置、extundelete 验证		
任务简介	使用 extundelete 进行 Linux 系统下的误删恢复		
设备环境	VMware 虚拟仿真软件		
教学方法	采用手把手的教学方法，通过操作训练引导学生掌握服务器设备部署的相关职业技能，同时通过讲解和演示的方式培养学生相关的职业素养		
实施人员信息			
姓　名		班　级		学　号		电　话	
隶属组		组　长		岗位分工		伙伴成员	

🔲 获取信息

引导问题 1：在 Windows 系统中，当文件被误删之后，要怎么恢复？在 Linux 系统中呢？

_____

_____

_____

_____

_____

引导问题 2：你是否有过误删除重要资料的情况？你是怎么恢复的？

_____

_____

_____

_____

引导问题 3：查找资料，了解当前主流的数据恢复工具。

_____

_____

_____

_____

_____

📊 小提示

当前，主流的 Linux 系统数据恢复工具有以下几种：

(1) TestDisk：TestDisk 是一款开源的数据恢复工具，适用于各种数据丢失情况，包括误删除、格式化、分区丢失等。它支持多种文件系统的恢复，如 FAT、NTFS、ext 等。

(2) PhotoRec：PhotoRec 是 TestDisk 的一个组件，专门用于恢复照片、视频、音频等多媒体文件。它可以从各种存储介质中恢复数据，如硬盘、SD 卡、USB 驱动器等。

(3) Scalpel：Scalpel 是一款高度可定制的文件恢复工具，适用于各种文件类型的恢复。它可以通过文件头和文件尾的特征来识别和恢复文件，支持多种文件系统。

（4）extundelete：extundelete 是一款专门用于恢复 ext2、ext3 和 ext4 文件系统中误删除文件的工具。它可以在 Linux 系统中运行，并通过扫描未分配的磁盘空间来恢复文件。

（5）Foremost：Foremost 是一款用于恢复各种文件类型的工具，包括照片、视频、文档等。它可以通过文件头和文件尾的特征来识别和恢复文件，支持多种文件系统。

这些 Linux 系统数据恢复工具都是免费且开源的。在使用这些工具时，建议先进行数据备份，并按照工具的操作指南进行操作，以最大程度地提高数据恢复的成功率。

工作计划

1. 工作准备

为了完成本任务，首先要了解 extundelete 软件的工作机制，了解该软件的应用场景；其次需要下载 extundelete 软件，了解安装流程等。

2. 列出软件和工具清单

试写出本任务可能涉及的软件和工具，并将它们的版本和功能填入表 4-3-1 中。

表 4-3-1　软件 / 工具清单

软件 / 工具	版　本	功　能

进行决策

根据计算机环境和实操前的工作准备，决定软件版本和实操流程。

_____

_____

_____

_____

_____

工作实施

1. 实施要求或注意事项

引导问题 1：要保证 extundelete 正确运行，需要先部署什么环境？

_____

_____

_____

引导问题 2：extundelete 可以对什么文件进行恢复？

_____

_____

_____

引导问题 3：extundelete 有哪些恢复模式？

_____

_____

_____

引导问题 4：extundelete 有什么限制条件？

_____

_____

_____

_____

2. 实施步骤

为了完成本任务，可以参考以下的步骤进行操作。

步骤 1　环境准备。

需要先准备 1 台服务器，这台服务器系统是 CentOS 7.4，安装选择基础服务器，并且要能连接外网。

(1) 添加一块硬盘 (实验使用时设置为 5 GB 以下即可)。

① 给虚拟机新添加一块硬盘，做误删恢复用。

② 右击"虚拟机"，单击"设置"→"添加"→"硬盘"→"下一步"，结果如果

4.3-1 所示。

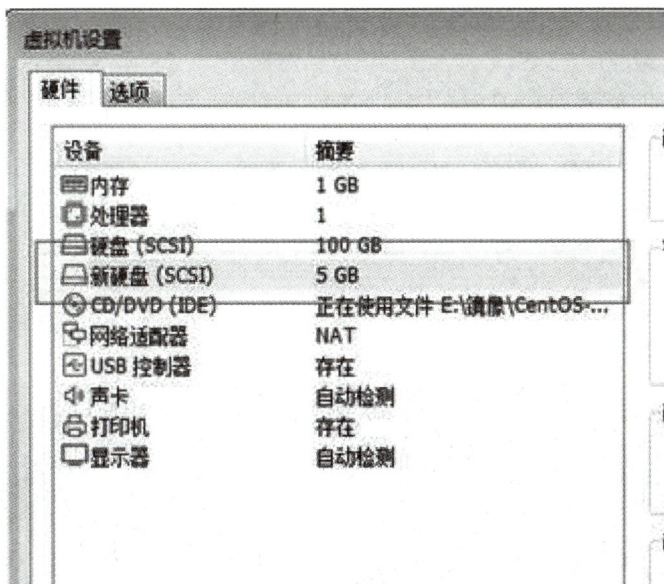

图 4-3-1　添加新硬盘

③ 重启。代码如下：

```
reboot
```

(2) 安装依赖包。相关代码如下：

```
yum install e2fsprogs e2fsprogs-libs e2fsprogs-devel gcc gcc-c++ gcc-g77 -y
```

(3) 上传 soft 资源包到 Linxu 的 /home 目录中，如图 4-3-2 所示。

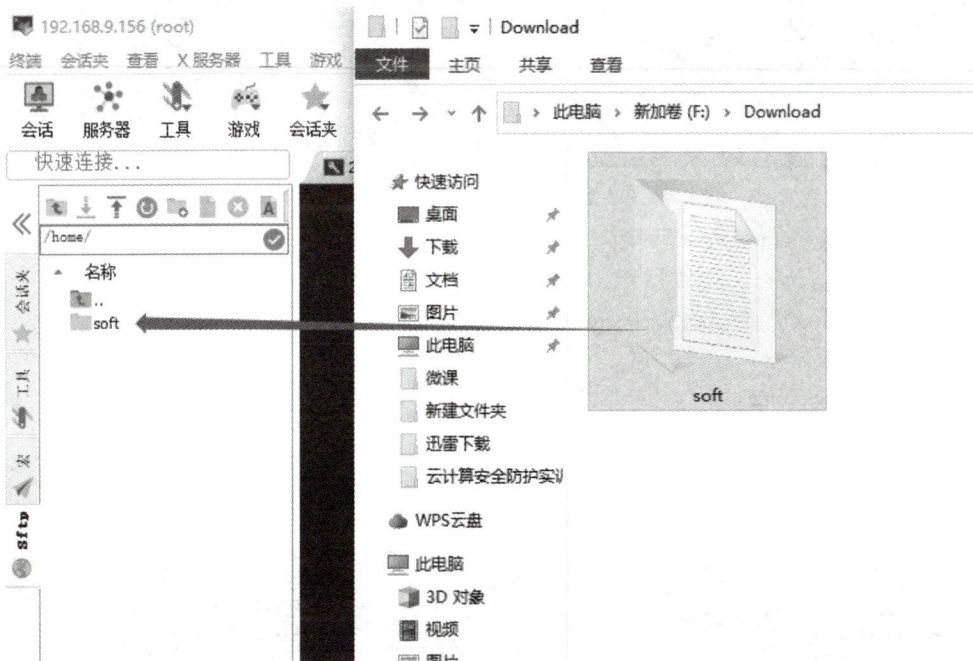

图 4-3-2　上传 soft 到 /home 目录

步骤 2　安装 extundelete。具体操作如下：

(1) 解压资源包。相关代码如下：

```
cd /home/soft
tar -jxvf extundelete-0.2.4.tar.bz2 -C /usr/local/src          # 解压 extundelete-0.2.4.tar.bz2 包
```

(2) 编译安装，相关代码如下：

```
cd /usr/local/src/extundelete-0.2.4
./configure --prefix=/usr/local/extundelete
make && make install                                          # 安装
cd /usr/local/extundelete/bin                                 # 验证是否成功
./extundelete -v
```

结果如图 4-3-3 所示。

```
extundelete-0.2.4/src/insertionops.cc
extundelete-0.2.4/src/block.c
extundelete-0.2.4/src/cli.cc
extundelete-0.2.4/src/extundelete-priv.h
extundelete-0.2.4/src/extundelete.h
extundelete-0.2.4/src/jfs_compat.h
extundelete-0.2.4/src/Makefile.in
extundelete-0.2.4/src/Makefile.am
extundelete-0.2.4/configure.ac
extundelete-0.2.4/depcomp
extundelete-0.2.4/Makefile.in
extundelete-0.2.4/Makefile.am
[root@localhost soft]# cd /usr/local/src/extundelete-0.2.4
[root@localhost extundelete-0.2.4]# ./configure --prefix=/usr/local/extundelete
Configuring extundelete 0.2.4
Writing generated files to disk
[root@localhost extundelete-0.2.4]# make && make install
make -s all-recursive
Making all in src
extundelete.cc: 在函数'ext2_ino_t find_inode(ext2_filsys, ext2_filsys, ext2_inode*, std::string,
int)'中:
extundelete.cc:1272:29: 警告: 在 {} 内将'search_flags'从'int'转换为较窄的类型'ext2_ino_t {aka un
signed int}' [-Wnarrowing]
     buf, match_name2, priv, 0};
                             ^
Making install in src
  /usr/bin/install -c extundelete '/usr/local/extundelete/bin'
[root@localhost extundelete-0.2.4]# cd /usr/local/extundelete/bin
[root@localhost bin]# ./extundelete -v
extundelete version 0.2.4
libext2fs version 1.42.9
Processor is little endian.
[root@localhost bin]#
```

图 4-3-3　extundelete 安装成功

步骤 3　设置 extundelete 环境。相关操作如下：

(1) 使用 echo 命令，在末尾加一行配置。相关代码如下：

```
echo "export PATH=/usr/local/extundelete/bin:$PATH" >> /etc/profile
```

(2) 运行资源命令。相关代码如下：

```
source /etc/profile
```

(3) 验证。相关代码如下：

```
extundelete -v
```

结果如图 4-3-4 所示。

```
[root@localhost ~]# extundelete -v
extundelete version 0.2.4
libext2fs version 1.42.9
Processor is little endian.
[root@localhost ~]#
```

图 4-3-4　extundelete 环境配置成功

步骤 4　验证误删恢复。相关操作如下：

(1) 安装 psmisc(用于解除占用)。代码如下：

```
yum install psmisc -y
```

(2) 格式化分区为 ext3 格式。代码如下：

```
mkfs.ext3 /dev/sdb
```

(3) 新建一个测试用的目录。代码如下：

```
mkdir /data
```

(4) 把目录挂载到新分区上。代码如下：

```
mount /dev/sdb /data
```

(5) 创建一些数据在 data 上，删除再恢复。代码如下：

```
mkdir /data/test
echo "extundelete test" >/data/test/mytext.txt
cp /etc/passwd /data/
cp -r /usr/local/src/extundelete-0.2.4 /data/
```

(6) 查看 data 目录的内容。代码如下：

```
ll /data
```

结果如图 4-3-5 所示。

```
[root@localhost ~]# mkdir /data
[root@localhost ~]# mount /dev/sdb /data
[root@localhost ~]# mkdir /data/test
[root@localhost ~]# echo "extundelete test" >/data/test/mytext.txt
[root@localhost ~]# cp /etc/passwd /data/
[root@localhost ~]# cp -r /usr/local/src/extundelete-0.2.4 /data/
[root@localhost ~]# ll /data
总用量 28
drwxr-xr-x. 3 root root  4096 5月  12 14:38 extundelete-0.2.4
drwx------. 2 root root 16384 5月  12 14:37 lost+found
-rw-r--r--. 1 root root  1099 5月  12 14:38 passwd
drwxr-xr-x. 2 root root  4096 5月  12 14:38 test
[root@localhost ~]#
```

图 4-3-5　查看测试目录中的文件

(7) 删除 data 目录中的所有内容，模拟误删除。相关代码如下：

```
rm -rf /data/*
```

(8) 再次查看 data 的内容。相关代码如下：

```
ll /data
```

结果如图 4-3-6 所示。

```
drwxr-xr-x. 2 root root  4096 5月  12 14:38 test
[root@localhost ~]# rm -rf /data/*
[root@localhost ~]# ll /data
总用量 0
[root@localhost ~]#
```

图 4-3-6　查看误删除后测试目录中的文件

(9) 新建一个用于存放恢复文件的目录。代码如下：

```
mkdir /mnt/recover
cd /mnt/recover
```

(10) 恢复。代码如下：

```
umount /data/                          # 卸载删除数据的分区
extundelete --inode 2 /dev/sdb         # 查看被删除文件
```

结果如图 4-3-7 所示。

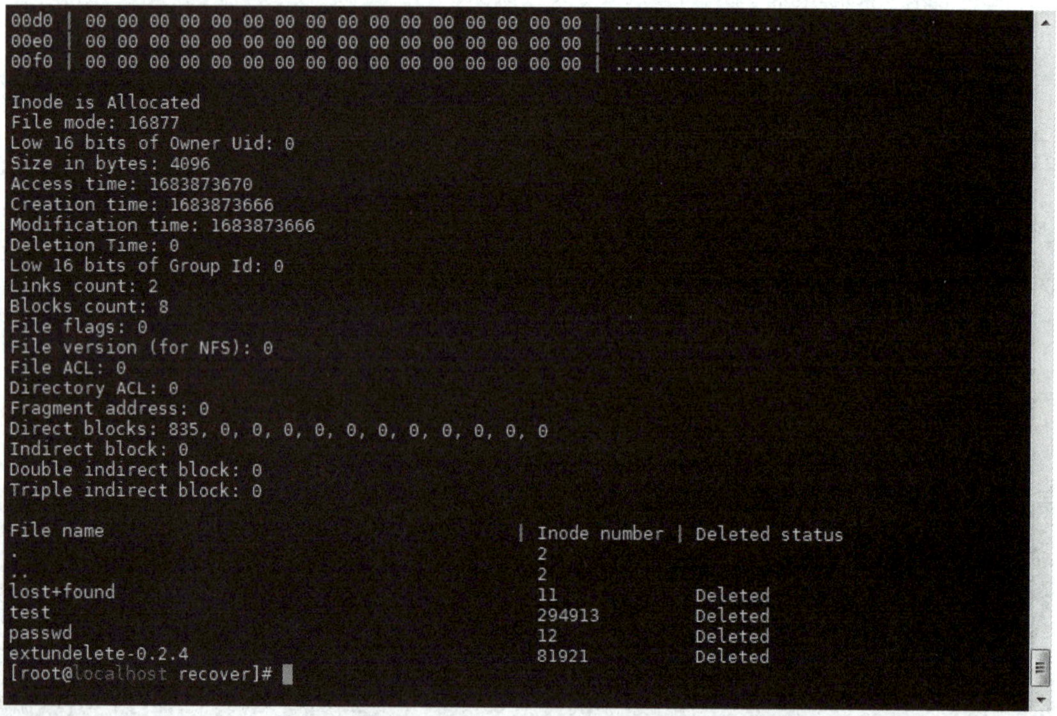

```
00d0 | 00 00 00 00 00 00 00 00 00 00 00 00 00 00 00 00 | ................
00e0 | 00 00 00 00 00 00 00 00 00 00 00 00 00 00 00 00 | ................
00f0 | 00 00 00 00 00 00 00 00 00 00 00 00 00 00 00 00 | ................

Inode is Allocated
File mode: 16877
Low 16 bits of Owner Uid: 0
Size in bytes: 4096
Access time: 1683873670
Creation time: 1683873666
Modification time: 1683873666
Deletion Time: 0
Low 16 bits of Group Id: 0
Links count: 2
Blocks count: 8
File flags: 0
File version (for NFS): 0
File ACL: 0
Directory ACL: 0
Fragment address: 0
Direct blocks: 835, 0, 0, 0, 0, 0, 0, 0, 0, 0, 0, 0
Indirect block: 0
Double indirect block: 0
Triple indirect block: 0

File name                                        | Inode number | Deleted status
.                                                  2
..                                                 2
lost+found                                         11             Deleted
test                                               294913         Deleted
passwd                                             12             Deleted
extundelete-0.2.4                                  81921          Deleted
[root@localhost recover]#
```

图 4-3-7　查看误删文件情况

(11) 验证恢复。相关操作如下：

① 恢复单个文件。代码如下：

```
extundelete /dev/sdb --restore-file passwd
ls
```

结果如图 4-3-8 所示。

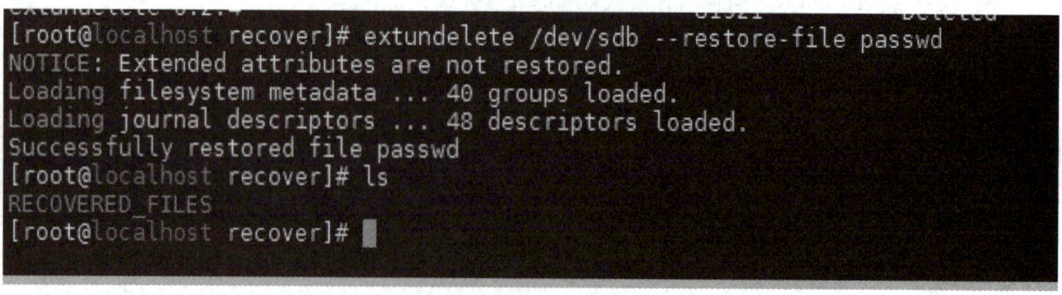

```
[root@localhost recover]# extundelete /dev/sdb --restore-file passwd
NOTICE: Extended attributes are not restored.
Loading filesystem metadata ... 40 groups loaded.
Loading journal descriptors ... 48 descriptors loaded.
Successfully restored file passwd
[root@localhost recover]# ls
RECOVERED_FILES
[root@localhost recover]#
```

图 4-3-8　恢复单个文件

② 查看 RECOVERED_FILES 目录。代码如下：

```
ls RECOVERED_FILES
```

结果如图 4-3-9 所示。

```
[root@localhost recover]# ls RECOVERED_FILES
passwd
[root@localhost recover]#
```

图 4-3-9　文件已恢复

③ 恢复目录。代码如下：

```
extundelete /dev/sdb --restore-directory test
extundelete /dev/sdb --restore-directory extundelete-0.2.4
ls RECOVERED_FILES
```

结果如图 4-3-10 所示。

```
[root@localhost recover]# ls RECOVERED_FILES
extundelete-0.2.4  passwd  test
[root@localhost recover]#
```

图 4-3-10　文件夹已恢复

④ 按时间段恢复，恢复最近一个小时内删除的文件。

⑤ 清除刚才恢复的内容。代码如下：

```
rm -rf /mnt/recover/*
```

⑥ 获取当前时间的纳秒值。代码如下：

```
End=$(date +%s)
```

⑦ 获取一个小时前的纳秒值。代码如下：

```
let Begin=$End-3600000
```

⑧ 恢复近一个小时内被误删的所有文件。代码如下：

```
extundelete /dev/sdb --after  $Begin --before $End --restore-all
ls RECOVERED_FILES
```

结果与图 4-3-10 所示的相同。

至此，误删恢复操作完成。

评价反馈

1. 学生自评

评分项	分　值	作答要求	评审规定	得　分
获取信息	2	问题回答清晰准确，能够紧扣主题，没有明显错误项	对照标准答案，错一项扣 0.5 分，扣完为止	
工作计划	3	工作计划优秀可实施，没有任何细节错误	对照标准答案，错一项扣 0.5 分，扣完为止	
工作实施	4	有具体配置图例，各设备配置清晰正确	未能按工作要求实施，每次扣 1 分，扣完为止	
其他	1	工作过程中能够做到认真仔细，科学严谨	出现消极表现，每次扣 0.5 分，扣完为止	
综合评价及得分				

2. 学生互评

评分项	分 值	作答要求	评审规定	得 分
获取信息	2	问题回答清晰准确，能够紧扣主题，没有明显错误项	对照标准答案，错一项扣0.5分，扣完为止	
工作计划	3	工作计划优秀可实施，没有任何细节错误	对照标准答案，错一项扣0.5分，扣完为止	
工作实施	4	有具体配置图例，各设备配置清晰正确	未能按工作要求实施，每次扣1分，扣完为止	
其他	1	工作过程中能够做到认真仔细，科学严谨	出现消极表现，每次扣0.5分，扣完为止	
综合评价及得分				

3. 教师评价

评分项	分 值	作答要求	评审规定	得 分
任务准备	3	学生对任务目标清晰，能够做好充分的准备工作	对照准备工作项，未完成一项扣0.5分，扣完为止	
任务实施	4	有具体配置图例，各设备配置清晰正确	未能按工作要求实施，每次扣1分，扣完为止	
团队合作	2	学生能相互帮助，团结协作	组员之间产生分歧未能及时化解，每次扣0.5分，扣完为止	
其他	1	学生在工作过程中能够做到认真仔细，科学严谨	出现消极表现，每次扣0.5分，扣完为止	
综合评价及得分				

知识链接

1. extundelete 简介

在 Linux 系统中，通过命令"rm -rf"可以将任何数据直接从硬盘删除，并且没有任何提示，同时 Linux 中也没有与 Windows 中回收站类似的功能，也就意味着，数据在删除后通过常规的手段是无法恢复的，因此使用这个命令要非常慎重。在使用 rm 命令时，比较稳妥的方法是把命令参数放到后面，这样有一个提醒的作用。另外，还有一个方法，那就是将要删除的东西通过 mv 命令移动到系统的 /tmp 目录下，然后编写脚本定期执行清除操作，这样做可以在一定程度上降低误删除数据的危险性。

实际上，保证数据安全最好的方法是做好备份，虽然备份不是万能的，但是没有备份是万万不行的。任何数据恢复工具都有一定局限性，都不能保证完整地恢复所有数据，因此，把备份作为核心，把数据恢复工具作为辅助是运维人员必须坚持的一个准则。

在 Linux 系统中，基于开源的数据恢复工具有很多，如 debugfs、R-Linux、ext3grep、extundelete 等，比较常用的有 ext3grep 和 extundelete，这两个工具的恢复原理基本一样，只是 extundelete 功能更加强大。

extundelete 的恢复原理为：

在 Linux 系统中可以通过"ls-id"命令来查看某个文件或者目录的 inode 值，例如查看根目录的 inode 值，可以输入：

ls -id /

2 /

由此可知，根目录的 inode 值一般为 2。

在利用 extundelete 恢复文件时并不依赖特定文件格式，首先 extundelete 会通过文件系统的 inode 信息 (根目录的 inode 一般为 2) 来获得当前文件系统中所有文件的信息，包括存在的和已经删除的文件，这些信息包括文件名和 inode。然后利用 inode 信息结合日志去查询该 inode 所在的 block 位置，包括直接块、间接块等信息。最后利用 dd 命令将这些信息进行备份，从而恢复数据文件。

2. extundelete 的参数和动作

1) 参数 (options)

extundelete 的参数有：

(1) --version，-[vV]：显示软件版本号。

(2) --help：显示软件帮助信息。

(3) --superblock：显示超级块信息。

(4) --journal：显示日志信息。

(5) --after dtime：时间参数，表示在某段时间之后被删的文件或目录。

(6) --before dtime：时间参数，表示在某段时间之前被删的文件或目录。

2) 动作 (action)

extundelete 的动作有：

(1) --inode ino：显示节点"ino"的信息。

(2) --block blk：显示数据块"blk"的信息。

(3) --restore-inode ino[,ino,...]：恢复命令参数，表示恢复节点"ino"的文件，恢复的文件会自动放在当前目录下的 RESTORED_FILES 文件夹中，使用节点编号作为扩展名。

(4) --restore-file 'path'：恢复命令参数，表示恢复指定路径的文件，并把恢复的文件放在当前目录下的 RECOVERED_FILES 目录中。

(5) --restore-files 'path'：恢复命令参数，表示恢复在路径中已列出的所有文件。

(6) --restore-all：恢复命令参数，表示尝试恢复所有目录和文件。

(7) -j journal：表示从已经命名的文件中读取扩展日志。

(8) -b blocknumber：表示使用之前备份的超级块来打开文件系统，一般用于查看现有超级块是否为当前所要的文件。

(9) -B blocksize：表示使用数据块大小来打开文件系统，一般用于查看已经知道大小的文件。

参 考 文 献

[1]　郭炳宇，王田甜，苏尚停，等. 基于移动电商项目实战的移动互联系统运维技术[M]. 北京：高等教育出版社，2017.

[2]　邵国金. Linux操作系统[M]. 4版. 北京：电子工业出版社，2020.

[3]　郑阿奇. MySQL实用教程[M]. 2版. 北京：电子工业出版社，2014.

[4]　刘遄. Linux就该这么学[M]. 北京：人民邮电出版社，2017.